JN189088

ウイルスの意味論

生命の定義を超えた存在

山内一也

みすず書房

ウイルスの意味論

目次

はじめに　ウイルスとともに生きる …… 1
第1章　その奇妙な〝生〟と〝死〟 …… 3
第2章　見えないウイルスの痕跡を追う …… 25
第3章　ウイルスはどこから来たか …… 51
第4章　ゆらぐ生命の定義 …… 71
第5章　体を捨て、情報として生きる …… 85
第6章　破壊者は守護者でもある …… 101
第7章　常識をくつがえしたウイルスたち …… 117

第8章　水中に広がるウイルスワールド　131
第9章　人間社会から追い出されるウイルスたち　149
第10章　ヒトの体内に潜むウイルスたち　189
第11章　激動の環境を生きるウイルス　205

エピローグ　227
あとがき　237
註
索　引

はじめに　ウイルスとともに生きる

ウイルスには、「正体不明の不気味な病原体」というイメージがつきまとう。エボラ出血熱の発生や新型インフルエンザの出現、あるいはノロウイルスによる集団食中毒といったショッキングなニュースばかりが注目され、ウイルスの驚くほど多様な生態が正しく伝えられていないためである。

本書は、ウイルスが一体どのような存在なのかを紹介し、そしてウイルスの視点から、現在の生態系や地球の進化史、急速に発展した文明を見直してみることを目的としている。本書で取り上げる話題の一部を簡単にまとめておこう。

ウイルスは、一九世紀末に初めて発見された。そして、二〇世紀を通じて、ヒト、動物、植物などの病気の原因としてのウイルス研究が急速に進展した（第2章）。最大の成果は、一九八〇年に宣言された天然痘の根絶である（第9章）。

二一世紀に入ると、ウイルス学は新たな展開の時代を迎えた。ヒトゲノム（ヒトの全遺伝情報）の解読に伴い発展した遺伝子解析技術により、ウイルスゲノムの解析が容易となり、ウイルスの生態について新たな情報が急速に蓄積しはじめたのである。そして、従来の病原体としてのウイルス像は、ウイルスの真の姿ではなく、きわめて限られた側面を見たものにすぎないことが明らかになってきている（第1章、第6章）。

では、ウイルスの真の姿とは何か。たとえば、長い間、ウイルスは細菌よりもはるかに小さく、単純な存在だと考えられてきた。ところが近年、小型の細菌よりも大きな「巨大ウイルス」の発見が相次いでいる（第7章）。また、高熱、強酸性の温泉など、生物はとうてい生存できないだろうと考えられていた極限環境に生きるウイルスが次々に見つかっている（第7章）。これまでの常識をくつがえしたこれらのウイルスの存在は、生物と生命の定義について、また生命の起源について、新たな問題を提起している（第3章、第4章）。

ウイルスは、陸地の生物だけではなく、海洋中にも天文学的な数が存在することが明らかになった。海は地球上で最大のウイルス貯蔵庫であることが認識され、さらに、海洋ウイルスが地球の温暖化など気候変動に関わっている可能性も指摘されている（第8章）。

われわれの体にも、腸内細菌や皮膚常在菌などに寄生する膨大な数のウイルスが存在することが明らかになりつつあり、一部はわれわれの健康維持などに関わっている可能性があるという（第10章）。つまりわれわれは、ウイルスに囲まれ、ウイルスとともに生きているのである。本書では、これまでの人間中心の視点からではなく、生命体としてのウイルスの視点から俯瞰したウイルスの世界を紹介したい。

第1章　その奇妙な〝生〟と〝死〟

ウイルスは、ウシの急性伝染病である口蹄疫とタバコの葉に斑点ができるタバコモザイク病の原因として、一九世紀末に初めて発見された。そして、ラテン語で「毒」を意味する「ウイルス」と名付けられた。それから半世紀あまりの間、ウイルスは微小な細菌と考えられていた。

実際には、ウイルスと細菌はまったく別の存在である。細菌をはじめとするすべての生物の基本構造は「細胞」である。細胞は、栄養さえあれば独力で二つに分裂し、増殖する。このようなことができるのは、細胞がその膜の中に細胞の設計図（遺伝情報）である核酸（ＤＮＡ）やタンパク質合成装置（酵素）などを備えているからだ。

一方ウイルスは、独力では増殖できない。ウイルスは、遺伝情報を持つ核酸と、それを覆うタンパク質や脂質の入れ物からなる微粒子にすぎず、設計図に従ってタンパク質を合成する装置は備えていないからだ。しかしウイルスは、ひとたび生物の細胞に侵入すると、細胞のタンパク質合成装置をハイジャックしてウイルス粒子の各部品を合成させ、それらを組み立てることにより大量に増殖する。そのため、ウイルスは「借り物の生命」と呼ばれることもある。

ウイルスもある意味で〝生きており〟、そしていずれ〝死ぬ〟。ただし、それは生物の生死と同じではない。

細胞の中で、ウイルスは生きている

ウイルスには、核酸としてDNAを持つものとRNAを持つものがある。天然痘ウイルスやヘルペスウイルスはDNAウイルスであり、インフルエンザウイルスや麻疹ウイルスはRNAウイルスである。核酸は、タンパク質の殻（カプシド）に包まれており、多くはさらに被膜（エンベロープ）に覆われている。後者はエンベロープウイルスと呼ばれる。

ウイルス粒子が細胞外に存在するとき、それは単なる物質の塊である。タンパク質を結晶化する技術を用いて、結晶にすることすらできる。しかしウイルス粒子は、一旦細胞に入ると見違えるようにいきいきと活動しはじめ、膨大な数の子ウイルスを産生する。その独特な増殖プロセスを説明しよう（図1）。

まずウイルスは、細胞の表面にある受容体タンパク質に吸着する。鍵と鍵穴の関係になぞらえれば、ウイルス粒子表面の特定の部分が「鍵」であり、受容体は「鍵穴」である。ウイルスは、それぞれ特定の受容体を標的にしている。鍵に合った鍵穴を持つ細胞に感染するわけである。

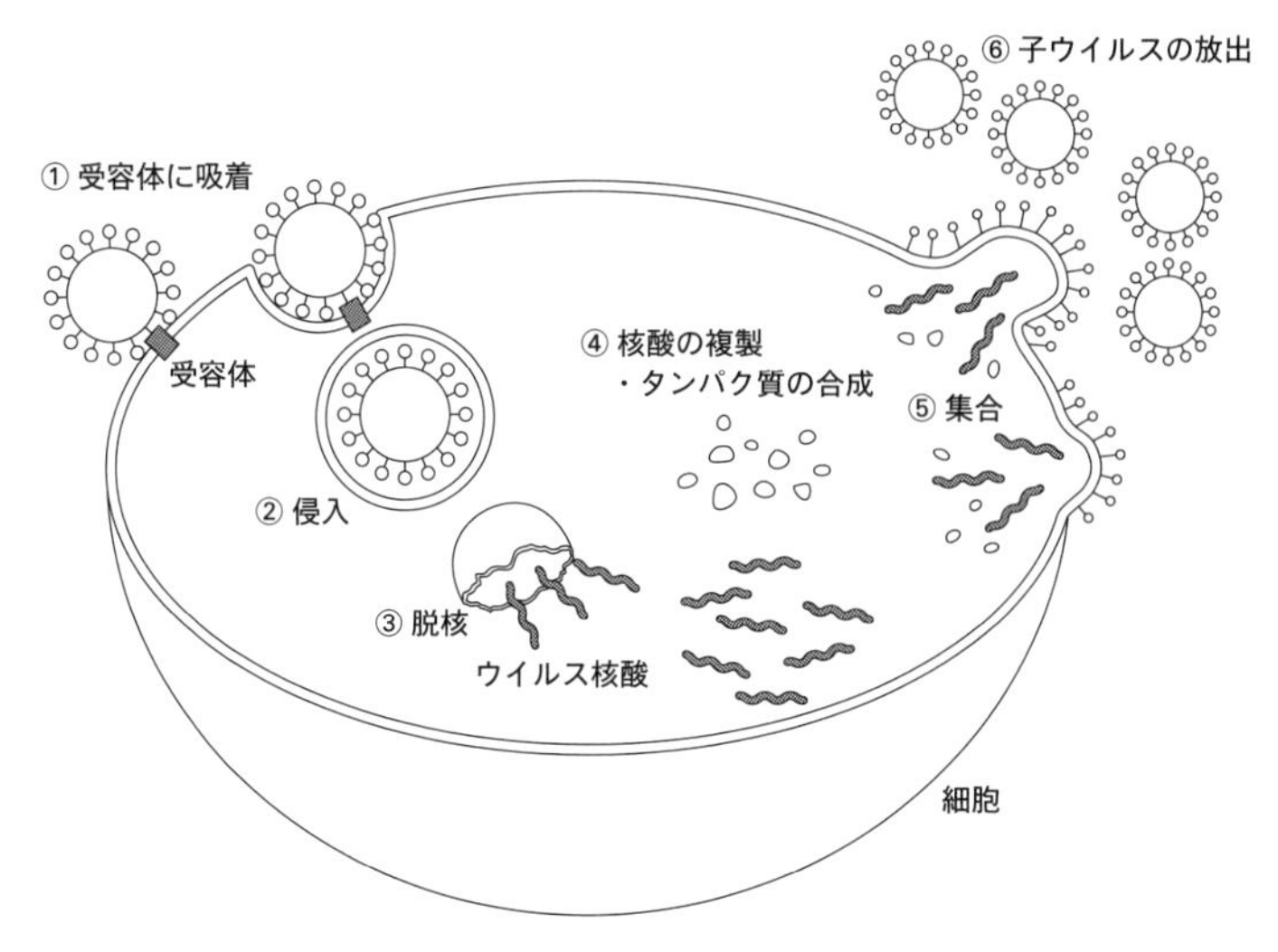

図 1 ウイルスの増殖プロセス

細胞内にウイルスが侵入すると、細胞のタンパク質分解酵素により殻（カプシド）が分解され、内部の核酸が露出する。この段階は「脱核」と呼ばれる。ウイルスの核酸とタンパク質はばらばらになり、感染力を持ったウイルスは消えてなくなってしまう。この時期を「暗黒期」と言う。

ＤＮＡウイルスの場合、核酸はアデニン（Ａ）、チミン（Ｔ）、グアニン（Ｇ）、シトシン（Ｃ）という塩基がつながってできていて、ＡＴＧＣという四つの記号で表される。ＲＮＡウイルスの場合には、チミン（Ｔ）の代わりにウラシル（Ｕ）が使われる。たとえば麻疹ウイルスの場合には、この記号が約一万五〇〇〇個並んでおり、これがタンパク質の構造を指示する〝設計図〟となっている。この設計図に従って、細胞の酵素はウイルスタンパク質やウイルス核酸を大量に合成させられる。

　そして新たに合成された核酸とタンパク質から、ウイルス粒子が組み立てられる。ここで暗黒期が終わり、感染性ウイルスが細胞から大量に放出される。さらにエンベロープを持つウイルスの場合には、ウイルス粒子が放出される際に細胞膜の成分が盗み取られてエンベロープが形成される。

　暗黒期は、生物には見られない、ウイルス増殖に独特の過程である。親ウイルスが一旦忍者のように姿を消したあとに、子ウイルスが生まれるのである。また多くの場合、一個のウイルスが細胞に感染すると、五、六時間で一万個を超す子ウイルスが生まれる。これらが周囲の細胞に感染を広げることで、半日の間に一〇〇万個もの子ウイルスが産生されることになる。細胞内でのウイルスの増殖力は爆発的で、想像をはるかに超えるすさまじいものと言える。

　ウイルス核酸が細胞内で複製される際にコピーミスが起き、変異ウイルスが生まれることがある。短時間で膨大な数のウイルス集団が生まれてくるので、コピーミスのある核酸を持った変異ウイルスも絶えず生まれている。短期間に世代交代を繰り返すうちに、変異ウイルスが集団の大部分を占めるようになると、新種のウイルスが出現することになる。ウイルスは、まさに変幻自在な生命体と言える。

　一方、細胞外での「ウイルス粒子」は、生命らしい活動を行うことはまったくなく、物質同然に見える。しかし、植物の種のように、芽生えることができる環境に出会えば、生命体としてのウイルスが姿を現す。細胞外での、まるで物質のような状態を指す「ウイルス粒子」と、細胞内を跋扈する状態を指す「ウイルス」という言葉には、それぞれ異なる意味合いがあると言えるだろう。

細胞の外ではウイルスは死滅する運命

では、ウイルスは何をもって〝死んだ〟と言えるのであろうか。細胞から放出されたばかりのウイルスは、単なる粒子にすぎないが、感染力を持っている。ウイルスは熱にとくに弱く、六〇℃近い温度では、殻（カプシド）のタンパク質が数分以内に変性し、細胞に吸着できなくなる。または、細胞内に侵入できても殻を脱ぎ捨てることができなくなる。つまり、感染・増殖できなくなる。これが〝ウイルスの死〟である。逆に言えば、感染力を持っている限り、活動していないただの粒子でも〝生きている〟と考えられる。

ウイルスの感染力は、一般に、六〇℃なら数秒、三七℃なら数分、二〇℃なら数時間、四℃なら数日で半減すると言われている。ただし、後述するノロウイルスのように、外界で長期間生存する例外的なウイルスも存在する。

また、紫外線や薬品などでもウイルスは容易に死ぬ。専門的には「不活化」と言う。殺菌灯（厳密には殺ウイルス灯）は、紫外線を照射してウイルスを不活化する装置である。咳やくしゃみとともに放出されたウイルスは、太陽の紫外線ですぐに不活化される。大気中のオゾンの酸化作用も有効である。エンベロープには脂質が含まれているため、インフルエンザウイルスなどのエンベロープウイルスは洗剤で容易に不活化される。

このように、ウイルスは宿主の体の中から外界に出るとすぐに死んでしまう。そのため、冷蔵設備のない状況では、ウイルスの保存や輸送は大きな問題であり、もっとも確実な方法は人間や動物をウイルスに感染させて移動させることであった。歴史的に有名な例をいくつか紹介しよう。

ジェンナーの時代における天然痘ワクチンの配布

一七九六年、ジェンナーは牛痘にかかったウシの膿*を接種することにより、天然痘を予防できることを初めて示した。するとジェンナーのもとには、この天然痘ワクチンを送ってほしいという依頼が各地から殺到した。

しかし冷蔵設備のない当時、天然痘ワクチンの効力を保ったまま届けるのは容易ではなかった。ジェンナーは、はじめは発痘部位の漿液（しょうえき）を象牙の先端に乗せて乾燥させたものや、漿液をガラス板の上に広げて完全に乾かしてからアラビア糊の薄い膜で覆ったものを送っていたが、届く頃にはしばしば効力を失っていた。もっとも確実な方法は、子供に種痘を行ってすぐ、潜伏期中にその子供を送ることだった。子供が目的地に到着してから、生じた発痘から漿液を採取して接種していたのである。

子供たちを輸送役にして、天然痘ワクチンを世界中に届けた一大プロジェクトがある。一八〇三年、スペイン領の新大陸で発生した天然痘対策のために、スペイン国王カルロス四世は、王室医師のフランシスコ・ザビエル・デ・バルミスを隊長として、ほかに四名の医師と六名の看護師からなる種痘遠征隊を派遣した。船には、天然痘にかかったことのない孤児二二名が同乗していた。種痘を受けた腕には、接種から一〇日目頃に漿液がもっとも多く溜まり、その後、まもなく乾いていく。そのため、一〇日毎に漿液が採取され孤児の腕から腕へと種痘が植え継がれた。遠征隊は、カナリア諸島からプエルトリコ島を経て、ベネズエラのカラカス、キューバのハバナと各地で種痘を行いながら、メキシコのアカプルコに到着した。孤児はここで養子として残され、スペイン政府から養育費を支払われた。バルミスは、新たに二五名のメキシコ人孤児を雇って、マニラと中国の広州で種痘を行い、一八〇六年七月、三年間で総計八〇万キロにわたった大遠征を終えて帰国したと伝えられている[1]（章末コラム参照）。

子ウシで製造されるようになった天然痘ワクチン

感染者を運ぶという方法は大きな成果を上げたが、まだ問題があった。ヒトの腕から腕に植え継がれた天然痘ワクチンには、梅毒などの病原菌がしばしば混入していたのだ。イタリアでは、種痘を受けた六三名の子供のうち四四名が梅毒にかかり、数名が死亡し、母親や看護師にまで感染が広がっていた。

一八四〇年、ナポリの医師ネグリは子ウシの皮膚で天然痘ワクチンを作る方式を考案した。腕から

＊　天然痘ワクチンに含まれていたウイルスは、当初は牛痘ウイルスと考えられていたが、後述するように、ワクチニアウイルスと命名された別のウイルスで、もとは野ネズミ由来と考えられている。第9章で詳しく紹介する。

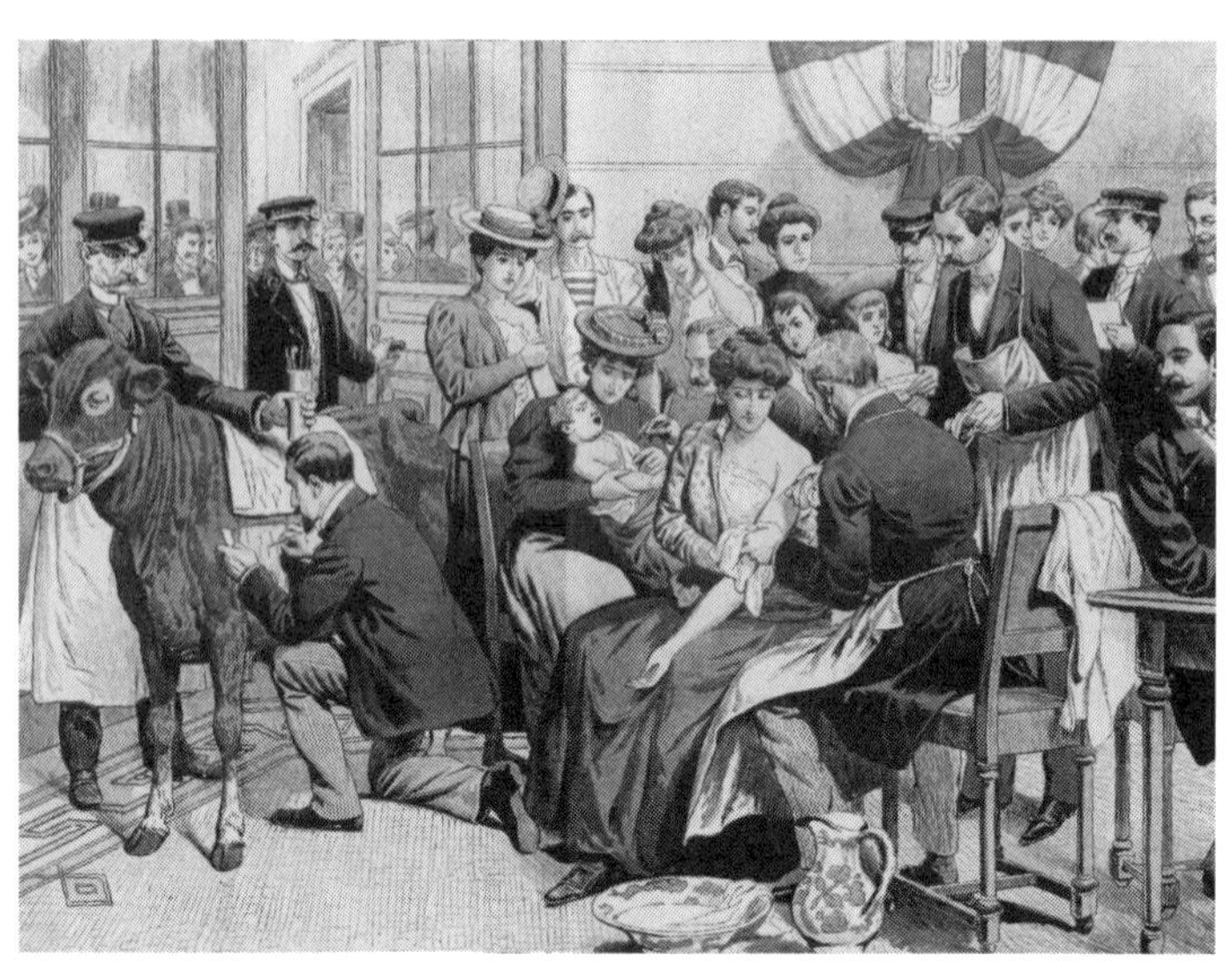

図2 フランスにおける子ウシからの種痘
（*Le Petit Journal*, 1905年8月20日号より引用）

腕に植え継ぐ方式では、ヒトに感染する病原菌が混入することがあり、また、うまく植え継ぐことができずにワクチンが途絶えてしまうこともあった。子ウシの方式はそれらの問題を解決する画期的なものだったが、当初はナポリ近辺のみで行われていた。一八六四年、フランスのリヨンで開かれた医学会議で種痘による梅毒感染が問題になった際に、この方法が初めて広く知られるようになった。早速、天然痘ワクチンを接種した一頭の子ウシが有蓋貨車でナポリからパリに連れてこられ、最初の種痘所がパリ郊外に設けられた(2)。

一八六五年から一八八五年にかけて、ヨーロッパ諸国で子ウシによる天然痘ワクチンの製造が次々に採用された。子ウシの皮膚から直接腕に種痘するため、医師は皮膚病変の出た子ウシを連れて行き、人々が子ウシを取り囲んで種痘を受けていた（図2）。

この方式は日本にも導入された。岩倉具視使節団に同行した長与専斎が、明治六年（一八七三）、オランダで子ウシを用いた天然痘ワクチンの製造を見学して感激し、器具一式を譲り受けて帰国した。そして同年に、文部省に設置された医務局の局長としてウシからの天然痘ワクチン（痘苗）の製造を始めた。* 以後ウシでのワクチン製造は、一九七六年に種痘が中止されるまで一〇〇年にわたり続いた。

なお筆者は、一九五〇年代、北里研究所でウシでの天然痘ワクチンの製造に従事していた。ただし、終戦後間もない時期で大陸からの引き揚げ者の間で天然痘が多数発生しており、大量の天然痘ワクチンが必要だったため、体重四〇〇キロもの成牛を相手にした力仕事であった。

モンゴルにおける野外試験で有効性が確認された牛疫ワクチン

これまでに根絶に成功したウイルス感染症は、天然痘と牛疫だけである。牛疫は、四〇〇〇年前のエジプトのパピルスにも書かれているウシの致死的ウイルス感染症で、しばしば農耕の重要な担い手であるウシを全滅させたため、飢饉をもたらし、世界史を揺るがしてきた。なお、麻疹ウイルスは、この牛疫ウイルスがヒトに感染した結果生まれたと考えられている。

＊ 医務局は明治八年（一八七五）に内務省に移管され、専齋により衛生局と命名された。痘苗は、苗を植えるようにワクチンを接種することから付けられた名称で、一九六〇年代まで正式名称として使われていた。

牛疫は、二〇一一年に国連食糧農業機関（FAO）と国際獣疫事務局（OIE）により根絶宣言が発表された。牛疫の根絶には、朝鮮が日本の統治下にあった第二次世界大戦中、釜山にあった朝鮮総督府獣疫血清製造所で中村稕治（じゅんじ）が開発した弱毒生ワクチンが大きく貢献した。このワクチンは、牛疫ウイルスをウサギで三〇〇代以上継代してウシに対する毒性を減弱させたものである。中国、韓国をはじめとするアジア地域の国々の牛疫の根絶は中村ワクチンによるものだった。

中村ワクチンの最初の大規模接種は、昭和一六年（一九四一）、中村の助手の磯貝誠吾により内モンゴルで行われた。冷蔵設備がない場所のため、磯貝は多数のウサギをトラックに積み込み、行く先々でワクチンウイルスをウサギに接種し、数日後にウイルスが増殖したところで、ウサギの脾臓をすりつぶしてワクチンを調製した。この現地生産のワクチンは、総計一万七〇〇〇頭あまりのウシに接種された[3]。

E型肝炎ウイルスの発見

冷蔵保管技術が発達した後も、〝生きた輸送車〟が使われた例がある。一九八一年、アフガニスタンに駐留していたソ連軍のキャンプで肝炎が発生し、モスクワのポリオおよび脳炎ウイルス研究所のミハイル・バラヤンをリーダーとした調査チームが現地に赴いた。その三年前、インドのカシミールで五万人以上が黄疸を伴う病気にかかって一七〇〇人が死亡しており、キャンプでの流行の様子はカシミールの場合に非常によく似ていた。バラヤンは検査材料をモスクワに持ち帰ろうと考えた。しかし、冷蔵状態で運ぶ手段がなかった。さらに、そのようなサンプルの持ち込みを研究所の上司に許可してもらえるか、さだかではなかった。このジレンマを、彼は自分を犠牲にするという極端な手段で解決した。九名の患者の便をプールし遠心器にかけたあと、細菌フィルターで濾過してヨーグルトに混ぜて飲み、帰国したのである。

約一ヶ月後、彼は重い肝炎になり、便から直径三二ナノメートル（一ナノメートルは一〇億分の一メートル）の小型の球形粒子が電子顕微鏡で検出された。この粒子は、A型肝炎ウイルスやB型肝炎ウイルスとは別の新しい肝炎ウイルスで、またすでにC型、D型肝炎ウイルスが見つかっていたため、E型肝炎ウイルスと命名された。このウイルス発見の報告の中で、バラヤンは自身を「実験的に感染させたボランティア」と呼んでいる。[4][5]

E型肝炎ウイルスには、加熱不十分なブタ、イノシシ、シカなどの肉を食べた際などに感染することが多い。日本でも時折患者が発生している。

細胞の外で長生きするウイルス

このようにウイルスは、宿主の内部では生きているが、ひとたび細胞外に出るとすぐに死んでしまう。ウイルスの運搬に苦労してきた先人の経験から、このことはウイルス学者にとって常識だった。ところが近年、外界でもなかなか〝死なない〟ウイルスも存在することがわかってきた。インフルエンザウイルスなどのエンベロープに包まれたウイルスは数分で死滅するが、エンベロープを持たないウイルスは、外界からの影響に対する抵抗力が強く、長期間生存できる。とくにしぶといウイルスの代表例が、ノロウイルスである。

並外れたしぶとさを持つノロウイルス

ノロウイルスという名前は、オハイオ州ノーウォーク（Norwalk）で分離されたことに由来する。ノロウイルスは、タンパク質の殻（カプシド）だけに包まれているRNAウイルスで、エンベロープがないため、脂質を分解するアルコールや洗剤では死滅しない。強い酸性の胃酸でも死滅することなく胃を通過して、小腸の細胞に感染し、激しい下痢を引き起こす。ノロウイルスの不活化は食品衛生上きわめて重要で、もっとも推奨されている消毒剤は次亜塩素酸ソーダである。

ノロウイルスが外界で長期間生存することを示す実験が、二〇一二年に米国ワイオミングの子供向けのキャンプ場で行われた。井戸水に一定量のノロウイルスを加え、一日目、四日目、一四日目、二一日目、二七日目、六一日目に志願者に飲んでもらったのである。なおウイルスが生きていることを確かめるには、通常は、試験管内で培養した細胞に接種し、感染するかどうかを確かめるだけで良い。重い下痢を引き起こす人体実験を行った理由は、ノロウイルスが感染する培養細胞や実験動物がいまだに見つかっていないためであった。

この実験の結果、すべての実験で志願者全員が発病し、ウイルスが少なくとも二ヶ月間は井戸水の中で生きていたことが明らかにされた。それ以後は人体実験を続けることができなかったため、保管していた水の中のウイルスRNAの量が測定された。すると一年後でもRNAの量はほとんど変わらず、一二六六日（三年半近く）後でも、わずかな減少が見られたにすぎなかった。ウイルスは生きていたと推測されている。(6)

試験管内で培養できる細胞のうち、ヒトのノロウイルスが感染するものは見つかっていないが、マウスのノロウイルスは、マウスのリンパ球由来の細胞に感染し増殖することがわかっている。そのため、ヒトのノロウイルスの生存力を推測するのに良いモデルと言える。韓国の研究グループが二〇一四年に興味深い結果を発表している。食器などに用いられる六種類（セラミック、木、ゴム、ガラス、ステンレス、プラスチック）の材料で、五ミリ×一〇ミリの切片を作って、その上に一〇万感染単位のマウスのノロウイルスを塗りつけた。そして、室温（二〇℃前後）に二八日間放置したあと、ウイルスの感染力の減少を調べたのである。

ウイルスの感染価がもっとも減少したのはステンレスの場合で、約五〇〇感染単位になっていた。ついで、プラスチック、ゴム、ガラス、セラミック、木の順に感染価が減少しており、木では五〇〇〇感染単位が残っていた。この実験環境（二〇℃）では、通常のウイルスは前述のように数時間で感染性が半減する。一日もすれば、感染力は完全になくなっているはずである。しかし、ノロウイルスの場合、どの材質でもウイルスは一ヶ月近く生きていた。ノロウイルスに汚染された疑いのある食器などを丁寧に消毒する必要性があらためて示されたと言える。(7)

長い間、ウイルスは外界ではすぐに死ぬと考えられており、「ウイルスが外界でどれくらい生きていられるのか」というあまりにも素朴な疑問は、学問的には興味を惹かれることがなかった。そのため、ポリオウイルスの下水中での生存力などの限られた研究を除いて、ほとんど取り上げられてこなかった。ノロウイルスによる食中毒の被害が深刻になったことで、初めて、これまでのウイルス学の常識を破るノロウイルスの頑強な性質が明らかにされたのである。

また、ウイルスが思いがけず長生きしていた例もある。

半世紀の間、冷蔵庫に放置されていた天然痘ウイルス

天然痘は、一九八〇年に根絶宣言が発表された。以来、天然痘ウイルスは、米国ジョージア州アトランタの疾病制圧予防センター（ＣＤＣ）と、シベリアにある国立ウイルス学・バイオテクノロジー科学センター（通称ヴェクトル）だけに厳重に保管されているはずだった。

ところが二〇一四年七月一日、米国ワシントン郊外の国立衛生研究所（ＮＩＨ）の敷地内にある食品医薬品庁（ＦＤＡ）の実験室で、引っ越しのために冷蔵庫を整理していた際、「天然痘ウイルス」というラベルが貼られたバイアル瓶が見つかった。ここはＮＩＨが一九七二年まで使っていた建物で、その冷蔵庫内の段ボール箱の中に、その瓶はあった。ＣＤＣが調べたところ、六本のバイアル瓶のうちの二本で、内部のウイルスが生きていることがわかった(8)。

バイアル瓶には、一九五四年二月一〇日と書かれていた。つまり、天然痘根絶計画が始まる前から、六〇年間もウイルスが生きていたのである。なお瓶がこわれた様子は見られなかったことから、ウイ

ルスは漏れていなかっただろうと言われている。

もともと、天然痘ウイルスは乾燥状態では抵抗性が強いことが知られている。一九七〇年代には、患者のかさぶたのウイルスが五年間も常温で生きていた事例もあった。しかし、冷蔵庫内とはいえ半世紀以上も生きていることがありうるとは予想されていなかった。

シベリアの永久凍土に三万年も眠っていたアメーバのウイルス

二一世紀初めに、「ウイルスは細菌よりも小さい」というウイルス学の常識をくつがえす巨大なウイルスが発見された。英国で起きた肺炎の原因探索の過程で、クーリングタワーの冷却水中のアメーバから、偶然、小型の細菌よりも大きなウイルスが分離されたのである。このウイルスは、細菌に似ている（mimic）ことからミミウイルスと命名された。そして、この発見がきっかけとなって、アメーバからの巨大ウイルスの探索が世界各地で行われるようになった（第7章）。

二〇一二年、ロシアの科学者がシベリアの永久凍土に埋もれていた三万年前の植物（ナデシコ科のスガワラビランジ）の果実から組織を培養することに成功したという論文が発表された。この報告を読んだミミウイルスの発見者の一人、フランスのエクス・マルセイユ大学のジャン゠ミシェル・クラブリーは、ウイルスも生き返らせることができるのではないかと考えた。二〇一四年、彼はシベリアの三万年以上前の凍土層（通常、マイナス一〇℃）から採取された土壌サンプルをロシアから提供してもらい、アメーバに加えて培養を行った。そして、卵型の巨大ウイルスを発見した。

二〇世紀の終わりまでは、ウイルスの最大サイズは天然痘ウイルスの三〇〇ナノメートル程度だと考えられていた。最初の巨大ウイルスであるミミウイルスは四〇〇ナノメートルであり、今回のウイルスは、なんと一五〇〇ナノメートルもあった。大腸菌のサイズ（二〇〇〇ナノメートル）に迫るウイルスであった。

このウイルスは、形が古代ギリシアのピトス（pithos）と呼ばれる壺に似ていたことから、ピソウイルスと命名された。クラブリーの予想通り、このウイルスはアメーバの内部で増殖していた。三万年以上も冬眠していたウイルスが、ふたたび増殖を始めたのである。[9]

二〇一五年に、彼らは同じ凍土層から別の巨大ウイルスをアメーバ培養で分離し、モリウイルスと命名した。これは、ピソウイルスの半分以下の六〇〇ナノメートルのサイズで、球形であった。これもまた、アメーバの体内で増殖していた。[10]

相次いで二種類の太古のウイルスが見つかり、しかも生きていた。これは、温暖化により溶けた凍土層から、太古のウイルスがほかにも出てくる可能性があることを示している。アメーバから分離された巨大ウイルスの一つ、マルセイユウイルスは一一ヶ月令の子供に感染してリンパ節炎を起こしたことが報告されている。[11]古代のウイルスがよみがえり、ヒトに病気を起こすことも、ないとは言えないのである。

死んでも生き返るウイルス

生物は、ひとたび生まれ、死んでしまったら、もう生き返ることはない。生物とはみなされないウイルスも、細胞内で生まれたあと、さまざまな死を迎える。宿主の体内では、多くの場合、免疫リンパ球の一つであるマクロファージに食べられ、酵素で分解される。生物の死体が微生物により分解されるのと同じで、これは完全な死である。また外界では、加熱、消毒薬、紫外線などに曝されて不活化される。この場合も、やや漠然としているが、ウイルスの死と呼んでいいだろう。ところが、外界で死んだウイルスが生き返る不思議な現象があることがわかっている。

米国インディアナ大学のサルバドール・ルリアは、ウイルスの増殖機構と遺伝子構造についての発見に対して、一九六九年度ノーベル生理学・医学賞を授与された。彼が研究に用いていたのは、細菌に感染するウイルスであるバクテリオファージ（〝細菌を食べる〟の意、一般にファージと呼ばれている）であった。

ファージを細菌に加えて寒天平板に植えると、ファージが感染した細菌だけが溶けて、平板上で透明な斑点となる。この斑点をプラークといい、その数を数えることでファージの量を推定できる。ルリアは、大腸菌に感染したファージに大量の紫外線を照射する実験を行っていた際に、奇妙な現象に気づいた。紫外線照射により不活化させておいたファージを「一個ずつ」大腸菌に接種すると、当然だがプラークはできてこない。ところが、不活化したファージを「多数一緒に」接種すると、プラークが出現していた――つまり、生きたウイルスが出現したのである[12]。

まもなく、この現象は次のような仕組みによることが明らかにされた。紫外線照射されたファージは、DNAのさまざまな部位に損傷を与えられて死ぬ。ある部位の損傷で死んだファージが、その部位には損傷を受けていない別の不活化ファージと一緒に、大腸菌の細胞内で可視光線にあたると、各ウイルスの損傷を受けていない部分が再利用され、まるでフランケンシュタインのように、感染力を持った子ウイルスとして復活していたのである。[13] なお、DNAの二重らせん構造の発見でノーベル賞を受賞したジェームズ・ワトソンは、ルリアの最初の博士課程学生として、X線照射による同様の現象を研究していた。

この現象は「多重感染再活性化」と命名され、一九五〇年代後半に多くの研究が行われ、ワクチニアウイルスやインフルエンザウイルスなどでも起きることが明らかにされた。[14] 致死的な傷の場所が異なるウイルス同士では、互いに傷を治して生き返ることができる。ウイルスの死は、生物の死の概念を超えていると言えるだろう。

理論上は、紫外線で不活化したウイルスは人体内でも同様に生き返るおそれがある。そのため、紫外線による不活化ウイルスをワクチンに用いることは認められていない。

ウイルスを生命体として見た時、そこには独特な〝生〟と〝死〟が存在する。しかし、これまでウイルス研究の対象は、ウイルスの増殖や病原性といった、細胞内でのウイルスの活動の実態や仕組みにほぼ絞られていた。それは、ウイルスの〝生〟の側面である。あらためてウイルスが生まれてから死ぬまでの〝一生〟を眺めてみると、ウイルスは生と死の境界を軽々と飛び越えているように見える。細胞内に侵入したウイルスは、子ウイルスが生まれる前に一旦姿を消す。生まれた子ウイルスは、死んでも生き返ることがある。半世紀以上ウイルスと付き合ってきた筆者にとっても、ウイルスは興味がつきることのない、不思議な生命体である。

子供がワクチンの運び手だった日本での種痘

鎖国下の日本には、享和三年（一八〇三）、オランダ領のバタビア（現在のインドネシア）からの船でジェンナーによる種痘の簡単な情報が届いていた。詳細な情報は、それから一〇年後、意外にもロシアからもたらされた。「文化露寇」と呼ばれる事件で、ロシア軍艦により樺太の大泊から拉致されていた中川五郎治が解放された際、シベリアで抑留中にもらった種痘の解説書を持ち帰ったのである。これはジェンナーが一七九八年に発表した最初の種痘の報告のロシア語訳だった。天才的通詞（通訳）の馬場佐十郎が七年かけて翻訳し、文政三年（一八二〇）『遁花秘訣（とんかひけつ）』という表題を付けて出版した。天然痘の発疱を花になぞらえ、それから免れる秘法を語る、という意味である。

文政五年（一八二二）、長崎出島のオランダ商館長のブロンホフは、バタビアから痘苗を取り寄せたが、二ヶ月以上かかった航海でワクチンは失活していた。翌年には、シーボルトがバタビアから痘苗を持参しすぐに種痘を行ったが、これも失敗に終わった。

佐賀藩主鍋島直正から痘苗の輸入を命じられた藩医楢林宗建は、嘉永二年（一八四九）、商館のドイツ人医師オットー・モーニケに頼んで、バタビアの医事局長の子供から採取したかさぶたを運んできてもらった。六月二六日、モーニケが三人の子供に接種したところ、宗建の生後一〇ヶ月の息子だけに見事な発痘が見られた。これが、日本で最初の種痘となった。二ヶ月後には藩主の嗣子である淳一郎も種痘を受けた。

痘苗の到着を待ちわびていた肥前大村藩の藩医長与俊達（前述の長与専斎の祖父）は、すぐに孫娘を長崎に行かせて種痘を受けさせた。彼は、城下の村々から、課役として毎週交代で種痘を受けていない子供を出させるようにし、種がきれない仕組みを作った。種痘は子供の腕から腕に植え継がれ、その年のうちに大坂と江戸に、一〜二年のうちに全国に普及した。

安政四年（一八五七）には、蘭方医桑田立斎（りゅうさい）が種痘を行った子供たちを連れて蝦夷地（北海道）に赴いた。そして、根室、国後島まで足を延ばし、三ヶ月で六〇〇〇人あまりのアイヌの人々に種痘を行った。

子供の腕から腕へ植え継ぐ種痘の手法は、明治時代に制度化された。その際に作られた種痘規則には、「種痘を受けた者は、痘漿（発痘部位の漿液）を採取する必要がある場合、拒んではいけない」旨が書かれていた。種の提供を義務化したのは、当時の英国のシステムにならったものである。[*] 明治二四年（一八九一）になるとウシで製造した痘苗のみが用いられるようになり、腕から腕への植え継ぎ制度は終わりを告げた。[1]

＊　英国では違反者に対する罰金制度が設けられていた。これがきっかけで、一八七一年に全国的なワクチン反対連盟が結成され、ワクチン反対運動の始まりとなった。

第2章　見えないウイルスの痕跡を追う

一九世紀後半、ロベルト・コッホは、炭疽菌、結核菌、コレラ菌などを発見して、特定の細菌が伝染病の原因になっていることを明らかにした。病原菌を特定する彼の戦略は、以下の四つの条件に基づいていた。①感染した組織から特定の細菌が人工培地で規則的に分離されること ②光学顕微鏡によって分離細菌を形状で判断できること ③分離した細菌が適当な動物で実験的に病気を起こせること、そして ④病気になった動物から細菌を分離して、それが接種した細菌と同じものであることを顕微鏡で確認することである。彼の助手のフリードリヒ・レフラーは、一八八三年にジフテリア菌の分離報告で、これらの条件を「コッホの三原則（特定の病気から特定の微生物が常に見つかること、その微生物を分離して純培養できること、分離した微生物が動物で同じ病気を起こすこと）」と命名して発表した。それ以来、コッホの三原則は病原菌を特定する際の基本条件になっていた[1]。

つまり、細菌学の進展に光学顕微鏡による目視確認は不可欠であった。ところが一九世紀末、光学顕微鏡で見えない病原体（＝ウイルス）が存在することがわかった。ウイルスに対しては、細菌学の基盤技術は使えない。そこで科学者たちは、まずは動物に病気を起こす力や細菌を溶かす力だけをウイルスの目印として研究を進めていった。すなわち、ウイルスそのものではなく、ウイルスの残した痕跡を見ることで、ウイルス学は進展してきたのである。ウイルス学者たちの、探偵さながらの探索の過程を振り返ってみよう。

〝伝染性の生きた液体〟

ドイツ人農芸化学者アドルフ・マイヤーは、オランダ・ワーゲニンゲンの農事試験場の所長を務めていた際、タバコに大きな被害を及ぼしている病気の調査をタバコ農家から依頼された。彼は、感染したタバコの葉に濃淡の斑点が見られることから、その病気を「タバコモザイク病」と名付けた。病気の原因を調べるために、感染した葉の絞り汁を健康なタバコの葉に塗ったところ、一〇例のうち九例で病気が起きたことから、感染性ということがわかった。しかし、細菌やカビは分離できなかった。そこで彼は一八八二年、タバコモザイク病の原因は、水溶性の酵素に似た、感染性のものだろうと短報で報告した。

数年後、サンクトペテルブルクで働いていたロシア人科学者、ディミトリ・イワノフスキーが、ロシア農業省からウクライナとクリミアで発生していたタバコの病気の調査に派遣された。彼はマイヤーと同じ実験を繰り返したが、その際に「タバコの葉の絞り汁をシャンベラン・フィルターで濾過してからタバコの葉に接種する」という重要なステップを加えていた。このフィルターは、フランス・パスツール研究所のシャルル・シャンベランが考案した素焼きの磁器で、ほとんどの細菌が通り抜けることができない小さな孔がたくさん開いている。一八九二年、彼はサンクトペテルブルク科学アカデミーでの報告の最後に、この実験の結果として、「タバコモザイク病に感染した葉の絞り汁は、シャンベラン・フィルターで濾過しても感染性を保持していた」と付け加えていた。彼はこう書きながらも、病気の原因はあくまで細菌であって、細菌の作る毒素がフィルターを通過していたか、もしくはフィルターが壊れていたのだろうと考えていた。

オランダ人土壌微生物学者マルチヌス・ベイエリンクは、ワーゲニンゲンでマイヤーと一緒に研究していたことがあった。彼は一八九五年、四五歳でオランダ・デルフトの工科大学細菌学教授となり、一八九七年に新しい研究室と温室が完成すると、すぐにタバコモザイク病の研究を再開した。そして、イワノフスキーのロシア語の報告は知らないまま、タバコモザイク病のタバコの葉の絞り汁がシャンベラン・フィルターで濾過したあとも感染性を保っていることに気がついた。しかも、濾液を希釈してからタバコの葉に接種し、絞り汁を取り出すと、感染力がもとに戻っており、もう一度希釈して別の葉に接種しても同様だった。病原体はマイヤーの言うような酵素ではなく、増殖するものであった。また、絞り汁を寒天平板の上に注いで一週間ほど放置したところ、約二ミリ下の層にも感染性があることがわかった。細菌が寒天内にしみこむことはないので、彼は、タバコモザイク病の病原体を液体であると考えた。また、この病原体は、タバコの若い葉の方で速く増殖し、葉の成長を妨げた。これらの観察から、彼は、タバコモザイク病の病原体を〝伝染性の生きた液体〟と名付け、〝ウイルス〟とも呼んだ。彼の報告は一八九八年に発表された。(2)(3)

タバコモザイクウイルスは、マイヤー、イワノフスキー、ベイエリンクの三人の研究を通じて発見されたが、最初の発見者はベイエリンクとみなされている。本来であればイワノフスキーになるはずだが、病原体を毒素とみなしていたため、ウイルス発見者にはなりえなかった。

〝タンパク質の結晶〟

ニューヨークのロックフェラー研究所では、医学研究を支える手段として、生物学の基礎研究が重視されていた。タバコモザイクウイルスはウイルス研究の良いモデルとみなされ、一九二六年、植物病理学部がニューヨークから遠く離れたニュージャージー州プリンストンに設立された。

その研究グループの一人、フランシス・ホームズは、タバコの葉にタバコモザイクウイルスを加えると褐色の斑点が現れることを発見した。これは、ウイルス感染により葉の組織が破壊されてできるもので、局所壊死病斑と名付けられた。そして、この斑点の数からウイルスの濃度を推測できるようになった。(4) つまり、見えないウイルスを定量することが可能になったのである。

のちにウイルス研究の立役者となるウェンデル・スタンリーは、若手ポスドクとしてニューヨークのロックフェラー研究所にいた頃、ウイルスについてよく知らなかった。にもかかわらず、プリンストンの植物病理学部からウイルスの研究をしないかと誘われて了承したのは、単にニューヨークから出たかったからだった。

彼は、まずタバコモザイクウイルスにタンパク質を分解する酵素を作用させると斑点が出なくなることを発見し、ウイルスはタンパク質からできていると考えた。当時、植物病理学部のジョン・ノースロップは、数年にわたって消化酵素の精製と結晶化を行っていた。酵素はタンパク質の一種である。スタンリーは、酵素を結晶にできるなら、ウイルスも結晶にできると考えた。

一九三二年秋から、スタンリーは、ノースロップの酵素精製法を参考にしてタバコモザイクウイルスの結晶化の実験を始めた。精製濃縮の程度は、ホームズの斑点の測定法により知ることができた。スタンリーは、ウイルスに感染した四トンの葉から、最終的に針のような結晶を取り出すことに成功した。一九三五年、「サイエンス」誌に発表された「タバコモザイクウイルスの本体はタンパク質である」というスタンリーの報告は大反響を呼んだ。三月二八日付け「ニューヨークタイムズ」紙は、一面で、見えないウイルスが結晶となって分離されたと報じた[5]。

翌年には、英国のF・C・ボーデンとN・W・ピリエが、ウイルスにはタンパク質以外にRNAが五％含まれていることを明らかにしたが、当時、RNAの役割は単なる副産物くらいにみなされていた。一九五〇年、フレンケル・コンラートはスタンリーが所長を務めていた米国カリフォルニア大学ウイルス研究所でタバコモザイクウイルスの研究を始めた。そして、一九五五年、ウイルスから分離したタンパク質とRNAを混合することにより、感染性のウイルスが形成され、さらにそのウイルスが増殖することを確認した[6]。その二年前にはワトソンとクリックによりDNAが遺伝子の本体であることが証明されていた。これらの成果により、ウイルスではRNAが遺伝情報の担い手になる場合があることが明らかにされた。

ウシとブタへの接種で発見された口蹄疫ウイルス

タバコモザイクウイルスの発見と前後して、動物に病気を起こすウイルスが次々に見つかりはじめた。その一つが口蹄疫ウイルスである。口蹄疫は古くから畜産業に大きな被害を及ぼしてきた病気であり、日本でも二〇一〇年に宮崎県で発生した口蹄疫はまだ記憶に新しい。一八九七年、ドイツ政府は、口蹄疫対策を検討する調査団をベルリンの伝染病研究所に結成し、グライフスヴァルト大学公衆衛生研究所の所長フリードリヒ・レフラーをリーダーに任命した。

農家はこの調査に大きな期待を寄せていたので、病牛の水疱が各地から提供された。レフラーはまず、パウル・フロッシュとともに口蹄疫にかかったウシの水疱をベルケフェルト・フィルターで濾過した。これはシャンベラン・フィルターと並んで細菌フィルターとして用いられていたものである。

レフラーは、口蹄疫は細菌による病気であり、水疱には細菌に対する抗体が含まれていると考えていた。そこで、細菌フィルターで濾過して細菌を取り除いた水疱を健康なウシに接種して、ウシに免疫を与えることを試みた。一八九〇年、レフラーの弟子だった北里柴三郎とエミール・ベーリングが、ジフテリアと破傷風に対する免疫血清による治療法を開発していたので、同様の効果を期待したのである（北里は、レフラーあての紹介状を持ってコッホの弟子になっており、レフラーからも指導を受けていた）。ところが、ウシは口蹄疫にかかってしまった。細菌フィルターを通した濾液に、まだ感染性があったのである。

ブタもウシと同様に口蹄疫にかかり、しかもウシよりも小型なため、レフラーはブタで研究を続けた。ブタに希釈した水疱を接種し、生じた水疱をさらに希釈して別のブタに接種した。するとそのブタも発病したので、その水疱をふたたび希釈して接種することを何回か繰り返してみたが、すべてのブタが発病した。毎回の希釈倍率を掛け合わせると、最終的に二億倍以上希釈したことになっていた。レフラーは、このような少量の毒素が病気を起こすことはないため、病原体は毒素ではなく、増殖するものに違いないと結論した。

北里は、ベルケフェルト・フィルターよりも細かい孔のフィルターを考案していたので、それで数回濾過したところ、濾液から感染性がなくなった。病原体は光学顕微鏡では見つからなかったが、北里フィルターの結果から、レフラーは病原体を「増殖する粒子状のもの」と結論した。これらの成績は一八九八年に報告された。[7][8] その後、ベイエリンクとの間で「液体か粒子か」という議論が起きたが、結論は出なかった。

偶然にも、植物ウイルスと動物ウイルスが同じ年に発見された。こうして、二〇世紀初頭、ウイルス学が始まったのである。

ウイルス研究の最初のモデルとなったトリインフルエンザウイルス

口蹄疫ウイルス発見から三年後の一九〇一年、イタリアで家禽ペストが発生し、アルプスを越えてオーストリアやドイツへと広がり、養鶏に大きな被害を与えた。E・チェンタニとE・サヴォヌッチは、家禽ペストの病原体が細菌フィルターを通過することを発表した。チェンタニは、家禽ペストウイルスがウイルスの研究モデルとしてすぐれていることをすぐに認識した。ウシやブタが宿主である口蹄疫ウイルスとは異なり、家禽ペストウイルスは、ニワトリのような、小さくしかも容易に入手できる動物で研究ができる。彼は、さらに扱いが容易な孵化鶏卵への接種も試みていた[9]。

家禽ペストウイルスはインフルエンザウイルスの一つである。この事実が明らかになったのは、ヒトのインフルエンザウイルスが分離された後のことであった。それまでの半世紀にわたる研究の流れを見てみよう。

一九一八年、当時「スペイン風邪」と呼ばれたインフルエンザのパンデミック（世界的流行）が起きた。パスツール研究所から帰国したばかりの山内保は、四三名のインフルエンザ患者の喀痰（かくたん）を集めて、看護師や友人など二四名の志願者の半数に細菌フィルターを通して細菌を除去したサンプルを、残りの半数には濾過していないサンプルを咽頭内に接種した。その結果、インフルエンザにかかったことのない一八名が二〜三日の潜伏期ののちに発熱し、咳などインフルエンザの症状を示した。それまで細菌感染と考えられていたインフルエンザが、ウイルスによることが初めて明らかにされたのである[10]（章末のコラム参照）。

一九三三年、英国でインフルエンザの流行が起き、国立医学研究所のパトリック・レイドロー、クリストファー・アンドリュース、ウィルソン・スミスのチームが研究を始めた。患者のうがい液を細菌フィルターで濾過して、ジステンパー研究用に飼育していたフェレットに接種してみたところ、フェレットはインフルエンザにかかった。フェレット*への感染実験を繰り返した結果、病原体は細菌フィルターを通過するウイルスであって、フェレットからフェレットへ継代できることが明らかにされた。さらにこの時、くしゃみをしていたフェレットからスミスがインフルエンザにかかった。彼から分離されたウイルスは、彼のイニシャルをとってWS株と命名され、代表的なインフルエンザウイルス株になった。このウイルスはマウスで植え継いでも病気を起こすようになった。

一九三一年までに、孵化鶏卵を用いてワクチニアウイルスなどのいくつかのウイルスを増殖させる方法が発表されていた。スミスは、マウスやフェレットで増殖させたインフルエンザウイルスを動物

＊　フェレットは、現在もインフルエンザウイルスの症状を示す唯一の実験動物として用いられている。なお、レイドローがフェレットを選んだのは偶然ではなかった。彼は、イヌがジステンパーで急性の呼吸器感染を起こすことから、一九二〇年代の初めからイヌをインフルエンザのモデルに取り上げて研究を始めていた。そしてワクチンの開発に成功したものの、イヌはジステンパーにかかっていることが多く、ワクチンの効果確認が難しいという問題に直面した。その際にフェレットがしばしばジステンパーにかかることを知り、研究所内でフェレットの繁殖を始めていたのである。

の体外で増殖させるさまざまな試みを行ったあと、一九三五年、孵化鶏卵で増殖させることに成功した。容易に入手できる卵での実験が可能となったことで、以後、インフルエンザウイルスの研究は進展しはじめた。[11] この時点でも、インフルエンザと家禽ペストの関係はまったく認識されていなかった。

一九五五年、ドイツのヴェルナー・シェーファーが家禽ペストウイルスとインフルエンザウイルスを比較し、同じ仲間のウイルスであることを発見した。家禽ペストウイルスは、現在、膨大な数のニワトリの殺処分を招いているトリインフルエンザウイルスそのものだったのである。

インフルエンザウイルスの研究は、ウイルスが引き起こす病気をまずニワトリやヒトで見つけ、ついで実験動物、さらにニワトリ胚（孵化鶏卵）で観察するという道のりを辿ってきたことになる。ウイルスは特定の細胞内でしか活動しない。そのため、まず扱いやすい「ウイルスの住処」を探すというプロセスは、ウイルス学進展の典型的な例と言える。なお現在、インフルエンザワクチンは孵化鶏卵で製造されている。

動物実験から細胞培養への道を開拓したポリオウイルス

効率よくウイルス研究を進めるには、まず、ウイルスが感染でき、研究者が扱いやすい生物を見つける必要がある。ポリオウイルスは、初めて実験動物ではなく培養細胞での増殖に成功したウイルスである。

一九〇八年、ウイーン大学病理学教授のカール・ラントシュタイナーは、ポリオ発病から四日後に死亡した九歳の少年の解剖を行った。その脊髄乳剤を細菌フィルターで濾過したあと、ウサギ、モルモット、マウスなどの実験動物に接種したが、いずれも発病しなかった。たまたま梅毒実験用のアカゲザルとマントヒヒが一頭ずつ残っていたのでそれらの脳内に接種したところ、アカゲザルが完全な麻痺症状を示し、解剖の結果、二頭とも脊髄や脳にポリオ患者と同じ病変が見つかった。ヒトを宿主とするウイルスは、黄熱の人体接種により一九〇〇年に初めて分離されていた。ポリオは、二番目に発見されたヒトウイルスであり、また初めてヒト以外の動物にヒトウイルスを感染させることに成功した例でもあった。

一九三九年、米国公衆衛生局のチャールズ・アームストロングは、ミシガン州ランシングでポリオにより死亡した一八歳の青年の脊髄と脳から、サルへの接種によりポリオウイルスを分離し、コットンラット（南米に生息するキヌネズミ科の齧歯類）の脳内に接種して発病させることに成功した[12]。ランシング株と命名されたこのウイルスにより、マウス（ハツカネズミを実験動物としたもの）で実験できるようになり、ポリオウイルスに関する多くの性状が明らかにされた。

培養細胞でウイルスを増殖させる

当時、ポリオワクチンの開発は公衆衛生における最優先課題だった。しかし、サルやマウスはその目的に応えることができず、細胞培養ワクチンの開発を待たなければならなかった。

動物の組織を体外で生かす試みは、一九〇七年ジョンズ・ホプキンズ大学のロス・ハリソンが報告したカエルの脊髄片の培養から始まった。これは、脊髄から神経がどのようにして筋肉に到達しているのかを調べる研究であった。ロックフェラー研究所に招聘されていたフランス人外科医アレクシス・カレルは、神経が伸びていく様子を示したこの報告を読んで組織の培養を思いつき、ハリソンの協力を得てニワトリの心臓組織片の培養を始めた。そして、一九一二年、心臓が体外で生き続けていることを報告した。その数ヶ月後、カレルは血管縫合技術の開発と臓器移植への貢献に対して、三九歳でノーベル生理学・医学賞を受賞した。ノーベル賞と組織培養は無関係だったが、組織培養は「不死のニワトリ心臓」として、大きなニュースとなった。

カレルの培養技術はあまりにも複雑すぎるため普及しなかったが、一九二八年、英国のヒュー・メイトランドが、カレルが考案した培養瓶（カレル・フラスコ）を利用してウサギの腎臓組織片を培養することに成功し、以後、組織培養によるウイルス研究が広がっていった。

一九四五年頃から、ジョン・エンダースは、トーマス・ウェラー、フレデリック・ロビンスと共に、メイトランド法による組織培養のニワトリ胚を用いて、ムンプス（おたふく風邪）ウイルスの増殖実験を行っていた。カレルやメイトランドの時代に最大の問題であった細菌の混入は、ペニシリンなどの抗生物質を培養液に加えることで解決していた。

一九四八年、彼らはたまたま余っていたヒトの皮膚と筋肉の組織の培養フラスコに、ランシング株ポリオウイルスに感染したマウスの脳の乳剤を接種した。その結果、細胞の一部が死滅していることを発見し、細胞変性効果と名付けた。この変化が起きたら、培養細胞でウイルスが生きているとわかる。こうして一九四八年、エンダースらは培養細胞にポリオウイルスを感染させて分離することに初めて成功した。この成果が、ウイルス学の黄金時代の幕開けとなった。

一九五二年には、レナート・ダルベッコがタンパク質分解酵素の一つ、トリプシンを使って組織片をばらばらにし、細胞を単層状に並べて培養することに成功した。この技術により、ウイルスの定量が可能になった。まず、シャーレの全面に広がる単層細胞の層にウイルスを接種し、寒天を加えて、それ以上ウイルスが広がらないようにして培養する。その後、生きた細胞だけを染める液体を加えると、ウイルスに感染した細胞は死んでいるため、そこだけ斑点（プラーク）になる。そして、その数からウイルスの量が推定できるというわけである（**図3**）。この方法は、当時、実験動物を用いてウイルスを研究していた筆者らにとっては夢のような技術であった。この頃から、組織培養は細胞培養と呼ばれるようになっていった。

これらの技術により、サルの腎臓細胞で増殖させたウイルスからポリオワクチンが開発され、一九五五年から接種が始められた。エンダースら三名は、組織培養によりウイルス学研究の進展を促進したとして、一九五四年にノーベル生理学・医学賞を与えられた。その時八四歳になっていたハ

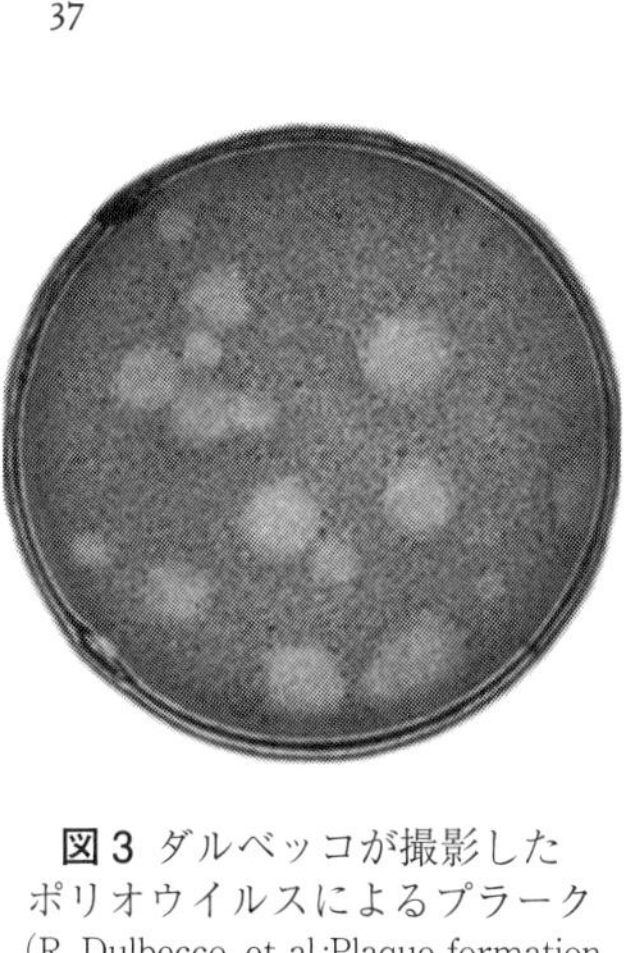

図3 ダルベッコが撮影したポリオウイルスによるプラーク
（R. Dulbecco, et al.:Plaque formation and Poliomyelitis Viruses. *J. Exp. Med.*, 1954 Jan 31; 99(2): 167–182. より引用）

リソンは、彼らの受賞を聞いて、非常に喜んだという。[13][14][15]

治療薬としてのウイルス——バクテリオファージ

ロンドン大学ブラウン研究所の所長フレデリック・トゥオートは、一九一五年、天然痘ワクチンとして使われているウイルス（ワクチニアウイルス）を寒天培地で増殖させる実験を行っていた。ウシの腹部の皮膚で製造する天然痘ワクチンは、大量の雑菌が含まれていたためだ。トゥオートは、寒天平板上に小さな球菌（おそらくブドウ球菌）が増えていて、その中で水っぽくてガラスのように見えるコロニーがあることに気がついた。それまでにこのような変化の報告は一件しかなく、アレキサンダー・フレミングが「露のしずく」のように見えるブドウ球菌のコロニーについて報告しているのみだった。なおこのフレミングの観察は、のちにペニシリンの発見につながったものである。トゥオートは「ランセット」誌でこのガラスのような変化をウイルスが起こした可能性があると報告した。しかし当時は第一次世界大戦の最中だったために、この報告はほとんど注目されなかった。

フランス系カナダ人のフェリックス・デレーユは、世界を放浪しながら、細菌学を独学で学んでいた。一九一〇年、彼はメキシコで大発生したイナゴの腸管から球桿菌を分離した。翌年、パスツール研究所の無給助手になり、アルゼンチンから北アフリカまで出かけて、球桿菌によるイナゴ退治を試みた。生物農薬のアイディアである。その際に、時折、球桿菌の培養に透明な円形の斑点が現れることに気がついた。

一九一五年春、チュニジアでイナゴの大発生が起きた。そこで彼はふたたび同じ透明斑に出会い、ノーベル賞受賞者の微生物学者シャルル・ニコルから、球桿菌が運んでいる濾過性のウイルスによるものかもしれないと指摘された。

その夏、パリに戻ったデレーユは、パリ郊外で発生した赤痢の調査を命じられた。彼は、イナゴ球桿菌で見た透明斑を思い出して、一人の赤痢患者を入院直後から連日観察することにした。まず、入院初日に便から赤痢菌を分離した。その患者の便をシャンベラン・フィルターで濾過したあと、濾液を試験管内の赤痢菌に加えて培養したところ、菌が増殖しており試験管は濁っていた。二日目、三日目も同じ結果だったが、四日目の便の濾液を加えたところ、試験管は透明になっていた。彼は、濾液中の細菌に寄生するウイルスが試験管内の細菌を溶かしたためだと判断した。そして同時に、もう一つの考えが浮かんだ。試験管で起きたのと同じ現象が患者の腸の中でも起きていて、患者は回復しているはずだと考えたのである。急いで病室に行くと、前日まで激しい下痢を起こしていた患者の症状は改善しはじめていた。

彼は、細菌に感染するウイルスをバクテリオファージ（一般にファージと呼ばれている）と命名し、一九一七年、「米国科学アカデミー紀要」に「赤痢菌に拮抗する不可視微生物について」という論文を発表した。この最初の論文から、彼は、ファージを細菌感染の治療薬に利用することを主張していた。二年後、まず動物でこのアイディアを試す機会が訪れた。

一九一九年春、ある村でニワトリチフスの大流行が起きた。彼は、病気のニワトリの便から分離したサルモネラが原因であることをまず明らかにした。次に、回復したニワトリの便からファージを分離し、飲み水に混ぜて病気が発生していた鶏舎でニワトリに与えた結果、病気が終息した。

動物での治療実験に成功した彼は、同じ年の夏、パリの小児病院で一二歳の重症の赤痢患者に対しファージによる治療を試みた。まず、彼は子供に与える量の一〇〇倍のファージを自分で飲んで安全なことを示したあとに、二ミリリットルのファージを患者に飲ませた。すると、それまで一日に一〇回以上の血便を伴っていた患者の症状が翌朝には消失した。

当時、もっとも恐れられていた赤痢に劇的な効果を示したファージは一躍注目を浴び、ファージとデレーユの名前は世界に知れ渡った。世間では、基礎的発見よりも、病気の治療という成果に注目する。最初の発見者トゥオートの名前はファージの陰に隠されてしまった[16][17]。「敵の敵は味方」の原理に基づくファージ療法は非常に魅力的だった。デレーユの試験的治療以来、ファージ療法はフランスをはじめ、イタリア、スペイン、オランダ、デンマーク、スウェーデン、米国で行われた。とくにブラジルでは大きな成果をあげ、一九二四年には、二四例の赤痢の治療に成功し、一万バイアルのファージが生産されてブラジル全土に配布された。

一九二六年、ノーベル賞委員会は、該当者がいないままだった一九二五年の生理学・医学賞の最終候補にデレーユを推薦した。結局、受賞しなかったものの、ファージ療法の業績はそれだけ高く評価されていたのである[18]。

ファージ療法は旧ソ連でも重要視された。ジョージア、トビリシにエリアヴァ・バクテリオファージ研究所がデレーユの協力を得て設立され、第二次世界大戦中には、一二〇〇人が働いていた[19]。

ファージ・グループによる分子生物学の誕生

ドイツ人物理学者のマックス・デルブリュックは、生命の基礎的原理に興味を抱き、一九三七年にカリフォルニア工科大学のトーマス・モーガンを訪ねた。モーガンはショウジョウバエでの研究から染色体に遺伝子が存在していることを明らかにして、一九三三年にノーベル生理学・医学賞を受賞したところであった。しかしデルブリュックは、ショウジョウバエの研究に興味を持てず、ポスドクのエモリー・エリスが行っていたファージの研究に惹かれた。彼は、ファージが細菌を溶かす様子を目にして、「一個のウイルス粒子が一個のバクテリア細胞に侵入し、二〇分後にバクテリア細胞が溶けて一〇〇個のウイルス粒子が放出される実験」にすっかり魅せられた。そして、ファージのとりこになったとのちに語っている。

彼にとって、目に見えないファージ粒子は原子と同じ存在であり、物理学の立場から生命の謎に取り組む手段が目の前にあるように思われた。早速、デルブリュックはエリスと共同研究を始め、数学と物理学の知識を生かしてファージの増殖サイクルの詳細な過程を調べる実験を行った。

一九二三年、すでにデレーユはファージが細菌を溶かした結果生じる斑点（プラーク）を数える定量法を考案し、それを利用してファージの生活環を以下のように仮定していた。それは、①ファージ粒子が細菌を攻撃する段階　②ファージが細胞の中に入り、そこで増殖する段階　③細胞を破壊し、子孫ウイルスを放出する段階の三つに分けられるというものだった。デルブリュックは、その仮定を証明するために、ファージの生活環の各段階を研究できる実験を設計することにした。彼は「一個のウイルス粒子が細菌の細胞の中に入り込み、その結果、多数のウイルス粒子が作られる時に何が起きているのか、その一番底にあるものを知りたかった」とのちに語っている。

通常の条件では、細胞から放出された子ファージはすぐに周囲の細菌に感染し、二代目、三代目の子孫ファージを産生する。そこで、ファージを数分間細菌に吸着させたあと、ファージと細菌の混合液を徹底的に希釈して、周囲には未感染の細菌が存在しない状態を作り出し、増殖の状況をプラーク数から調べた。この実験で、前述の暗黒期などのウイルスの増殖サイクルが初めて明らかにされた。

一九四〇年、デルブリュックは、彼と同様にファージのとりこになっていたサルバドール・ルリアとアルフレッド・ハーシーに声をかけて、ファージ・グループを結成した。

デルブリュックは一九四九年、「物理学者の視点からの生物学」というエッセイで、一九三〇年代から四〇年代にかけての分子生物学の創始者たちの活動を語っている。当時、遺伝学者は、生化学者に対して三つの重要な問題を提起していた。①遺伝子は何からできているか②どのように複製するのか③どのように働くのかである。彼らは、この遺伝生化学の問題に生物学の立場から取り組んだ。

ハーシーは一九五二年にDNAが遺伝子の担い手であることを、ジェームズ・ワトソンは一九五三年にDNAの二重らせん構造をそれぞれ発表し、ここに分子生物学が誕生した。[20][21][22] ファージ・グループの創始者の三名には、一九六九年、ウイルスの複製機構と遺伝学の研究に対してノーベル生理学・医学賞が与えられた。

二〇世紀におけるウイルス研究の進展は、次のように要約できる。ヒトや家畜のウイルスを対象とした病原ウイルスの研究は、感染症からヒトや家畜の健康を守るためのワクチンの黄金時代をもたらした。一方ファージの研究は、動物ウイルス学などの基盤を支えるだけでなく、分子生物学の誕生に結実し、生命科学の進展の原動力となったのである。

ウイルス粒子を「見る」ことについに成功

一九三九年、ウイルス学の最初の国際学術雑誌として、「アルヒーフ・フュア・ディー・ゲザムテ・ウイルスフォルシュング（総合的ウイルス研究記録。現在はアーカイブス・オブ・バイロロジーに改称）」が誕生した。その第一号（一九四〇年）に、ドイツ・ベルリン大学内科の三一歳の研修医ヘルムート・ルスカによる「超顕微鏡」の重要性を提唱した論文が掲載された。論文には、共著者として、彼の兄であり、最初の電子顕微鏡を開発したエルンストが名を連ねていた。

ヘルムートは、その電子顕微鏡により初めて見ることができたタバコモザイクウイルスの粒子を報告した。この時初めて、研究者たちはウイルスそのものを見ることに成功したのである。その後、彼は水痘ウイルスやファージ粒子の電子顕微鏡像を次々に報告し、さらにすべてのウイルスを粒子の形態に基づいて系統的に分類することを提唱した。この原則は現在のウイルス分類の基礎になっている。[23]
また、ウイルスが液体か粒子かという議論も、この時やっと決着した。エルンスト・ルスカは一九八六年に電子顕微鏡に関する基礎的研究に対してノーベル物理学賞を与えられた。なおヘルムートは、その一三年前に死亡している。

それまで、ウイルスの存在は、動物や植物に対する病原性やファージによる細胞破壊といった、ウイルス活動の痕跡でしか確認できなかった。電子顕微鏡により、初めてウイルスの正体を見ることができるようになり、分類も可能になったのである。

ウイルスの探索をウイルスを犯人とした推理小説に例えるなら、二〇世紀前半は、犯行の痕跡だけで同一犯かどうかを判断していた時代だった。二〇世紀後半からは、痕跡の調査に加えて電子顕微鏡により犯人の姿を見ることができるようになった。近年は、ウイルスの指紋とも言える遺伝子の検出が容易になり、地球環境に広く存在するウイルスの指紋のデータベースが蓄積され始めた。そして今、過去三〇億年にわたるウイルスの驚くべき来歴が明らかにされつつある。

インフルエンザウイルスを最初に発見した日本人科学者

二〇一〇年の暮れ、筆者の古くからの友人であるフレデリック・マーフィー（テキサス大学教授）から、帝国大学伝染病研究所所員と推測されるT. Yamanouchiという日本人科学者について問い合わせるメールが届いた。いわく、T. Yamanouchiは、一九一八年にスペイン風邪が流行した際、インフルエンザの原因がウイルスであることを「ランセット」誌に発表している。ほかにもウイルスを発見したという報告があるが、Yamanouchiの報告がもっともしっかりしている。あなたの親戚だと思うので、Yamanouchiの写真を送ってほしいという内容だった。彼は、エボラウイルスの電子顕微鏡撮影で有名なウイルス学者で、膨大な写真や図を集めたウイルス学進展の歴史の本をまとめているところだった。

T. Yamanouchiは私とは無縁の人物だったが、伝染病研究所は私が在籍していた医科学研究所の前身であり、私と同じ名前の日本人が当時、そのような発表をしていたことに興味を抱き、どのような経歴の持ち主か探索してみた。

その結果、T. Yamanouchiは「山内保」で、明治三九年（一九〇六）に帝国大学医科大学（東大医学部前身）を卒業後、すぐにヨーロッパに留学、パスツール研究所の所長イリヤ・メチニコフの下で研究を行い、一〇年後の一九一六年に帰国した人物であることがわかった。彼の写真は、メチニコフをリーダーとしたロシア調査団*の集合写真の中から見つかった。

一九〇八年から〇九年にかけて、山内は、直接の上司であるコンスタンチン・レバディティとの共著で、梅毒に対するアトキシルという化学物質の効果に関する論文をいくつか発表している。一九〇五年、F・R・シャウディンが梅毒の原因菌のスピロヘータを発見したことで、当時のパスツール研究所では、メチニコフを中心に梅毒が主要な研究課題になっていた。アトキシルは、ドイツのパウル・エールリヒと志賀潔が開発した物質で、レバディティはエールリヒのポスドクを終えて、一九〇〇年からパスツール研究所の所員になっていた。

一九〇八年には、メチニコフとエールリヒは免疫学への貢献**によりノーベル生理学・医学賞を共同受賞しており、山内の論文はその時期のものだった。その後、秦佐八郎がアトキシルの化学構造を六〇六回変えて、最初の梅毒治療薬サルバルサン（通称606号）を開発している。またラントシュタイナーは、一九〇八年にウイーン大学で、ポリオがウイルスによることをサルへの接種で明らかにした後、レバディティの研究室でサルへの接種実験を続け、ポリオウイルスが神経以外の組織でも増えることを明らかにしていた。ラントシュタイナーは、のちに血液型の発見でノーベル生理学・医学賞を受賞している。

山内保は、三人のノーベル賞受賞者、志賀、秦といったそうそうたる研究者のネットワークの中で、当時のホットトピックだった梅毒の研究に加わっていたのである。

ところで、スペイン風邪の際は、インフルエンザ菌が病原体と考えられ[10]、ワクチンも製造されていた。これは、コッホ門下のリヒャルト・パイフェルが、一八九二年、ロシア風邪[***]と呼ばれたインフルエンザ流行の際に分離したものである。

ファージ療法の復活

抗生物質は当初、劇的な効果を示していたが、まもなく耐性菌が現れるようになった。新しく抗生物質を開発しても、すぐに耐性菌が出現するために、製薬業界では抗生物質の開発への関心が低下し、効果的な抗生物質が枯渇してきている。世界保健機関（ＷＨＯ）によれば、現在新たに臨床試験に入っている抗生物質は五一種にすぎず、五年以内に市場に出るのは一〇種以下と予測されている。英国の薬剤耐性菌の調査チームの報告では、二〇五〇年には、薬剤耐性菌による死亡者は一

＊　ロシアでは結核やペストの実態調査を行っており、山内は四名の調査チームの一員として加わっていた。
＊＊　メチニコフは白血球の食作用の観察から細胞性免疫の概念を、エールリヒは、抗体の産生機構に関する仮説をそれぞれ提唱して、免疫学の基礎を築いたと評価されている。
＊＊＊　ロシア風邪はヨーロッパの鉄道網がシベリアのバイカル湖まで拡大した時期に起きたパンデミックだった。日本でも明治二三～二四年（一八九〇～九一）に発生して、俗に「お染久松風」と呼ばれた。「必ず友を誘引する」伝染力の強さから付けられた名称である。

〇〇〇万人となり、ガンによる死者の八二〇万人を超すと推定されている。

抗生物質に代わる治療法として、一九九〇年代からファージ療法への関心が高まってきている。ファージは特定の細菌だけをねらいうちするため、それぞれにあったファージを選ばなければならない。一方で、抗生物質のように、善玉菌まで攻撃する心配はない。

二一世紀に入ってから、大腸菌や赤痢菌による下痢、緑膿菌による耳炎、ブドウ球菌などによる皮膚感染症といったさまざまな感染症で、ファージを用いた臨床試験が行われている。数種類のファージを混合した処方も試験されている。しかし、ファージ療法についての指針がまだ不十分なこともあって、承認されたファージ療法は一つもない[24]。

一方、ゲノム編集という革新的技術を応用したファージ療法の開発が進んでいる。米国のローカス・バイオサイエンシズ社*は、抗生物質耐性遺伝子を破壊するよう改変したファージを開発している。耐性遺伝子の部位をつかまえるガイドRNAと「キャススリー（Cas3）」という酵素をコードするDNAが含まれたファージで、耐性遺伝子をキャススリーが切断する。ゲノム編集で用いられている「キャスナイン（Cas9）」はDNAの二本鎖をきれいに切断する酵素だが、キャススリーはDNAを完全に分解するため、修復されない。その結果、耐性菌は死滅すると期待されている[25]。

ファージ療法は、治療目的としてはまだ実現していないが、食中毒の防止手段として一部がすでに実用化されている。リステリア菌はウシやヒツジなどに広く存在していて、乳製品、食肉、サラダなどから食中毒を起こし、ときには致死的となる。米国のイントラリティックス社が開発した六種類のリステリア菌ファージの混合製品は、二〇〇六年に食品添加物として承認され、ハムのようなインスタント肉製品、生野菜、果物などに振りかけられている。また食中毒の最大の原因菌の一つ、サルモネラに対しても、同社の別のファージ製品が、鶏肉、魚介類、野菜、果物などに直接使用しても差し支えないと二〇一三年に認定されている。[26]

＊　このベンチャー企業の創業者ロドルフ・バランゴウが発見した、細菌のファージに対する獲得免疫の仕組みが、ゲノム編集技術の開発につながった。

第3章　ウイルスはどこから来たか

ウイルスは動物、植物、細菌から分離される。そのうち動物ウイルスと植物ウイルスは、そのほとんどが病気の原因として分離され、当初は細菌の一種と考えられていた。そのため、それらの起源が問題として取り上げられることはなかった。

一方、細菌ウイルスであるファージは、発見当初から細菌とは別の存在であると考えられていた。ファージの名付け親であるデレーユは、すでに一九二二年に、ファージの本体を「細菌に寄生する自律性超微生物」とする仮説を提唱し、ファージは細菌よりもすぐれた微生物と考えていた[1]。ここから、ウイルスが細菌とは異なるものとすると、それはどこから来たのかという疑問が生じた。

ウイルスの起源についての三つの仮説

ウイルス学は、二〇世紀前半に生物学的手法からより洗練された生化学的手法を用いる学問に変遷していき、黄金期を迎えた。オーストラリアのウォルター・アンド・イライザ・ホール医学研究所のマクファーレン・バーネット*は、当時を代表するウイルス学者で、ウイルスの生物学的性状について数多くの業績をあげていた。

彼の希有な点は、人間視点のウイルス学（病原ウイルス学）と、ウイルス視点の生物学の両方に、等分に重きを置いていたことだった。太平洋戦争の最中の一九四四年、彼はハーバード大学のエドワード・ダンハム記念講演に招かれ、「ヒトのウイルス病――進化的および生態学的考察」と題する講演を三日間にわたって行った。この講演内容は、のちに *Virus as Organism*（生物としてのウイルス）という著作で発表されている。[2] その中で彼は、ウイルスの起源について、①細胞から逃亡した遺伝因子 ②細胞または生物が出現する前の時代の面影をとどめたもの ③細菌のような、ウイルスより大きな病原微生物が退化した子孫という三つの仮説を提唱した。これらの仮説は、若干の修正が加わったものの、現在もウイルスの起源の議論の三本柱になっている。

以後、二〇世紀後半は、ウイルスの起源に関する議論はしばらくなりを潜めていた。しかし二一世紀に入って、ミミウイルスをはじめとする巨大ウイルスが発見されたことにより、議論がふたたび盛んになってきている。[3][4][5]

バーネットが提唱した三つの仮説を、ウイルスが先か、細胞が先かという視点から眺めてみたい。

〝ウイルスは細胞が出現する前に生まれていた〟

そもそも、生命は地球でどのように誕生したのだろうか。一説には、地球生命は、原始スープの中で自己増殖するRNAとして出発したと考えられている。ただの文字列がならんだ分子であるRNAが、どうやって自己増殖するというのだろうか。実は、RNAには、自分自身の配列を切ったり貼ったりする、いわゆるカットアンドペーストの機能を持つものがあり、リボ酵素（リボザイム）と呼ばれている。つまり、RNAは遺伝情報だけではなく、複製を支える機能も持つことができるのである。この仮説は、細胞が誕生する以前にRNAがRNAによって増殖していたと考えることから「RNAワールド」仮説と呼ばれている。

そしてウイルスは、このRNAワールドの時代に、この自己増殖性RNAから進化したという仮説がある。この説を支持する証拠として、ウイルスの仲間の「ウイロイド（「ウイルスのようなもの」という意味）」と呼ばれる遺伝因子がある。

ウイロイドは、一九七〇年にジャガイモが成長しなくなる病気をきっかけに初めて分離されたもので、これまでに多くの作物に病気を起こしていることがわかっている。その正体は、もっとも小型のウイルスの五分の一程度のサイズの、タンパク質の殻（カプシド）のない裸のRNAである。カプシ

＊　フルネームはフランク・マクファーレン・バーネット。父親の名前がフランク・バーネットのため、ファースト・ネームにマクファーレンが用いられている。

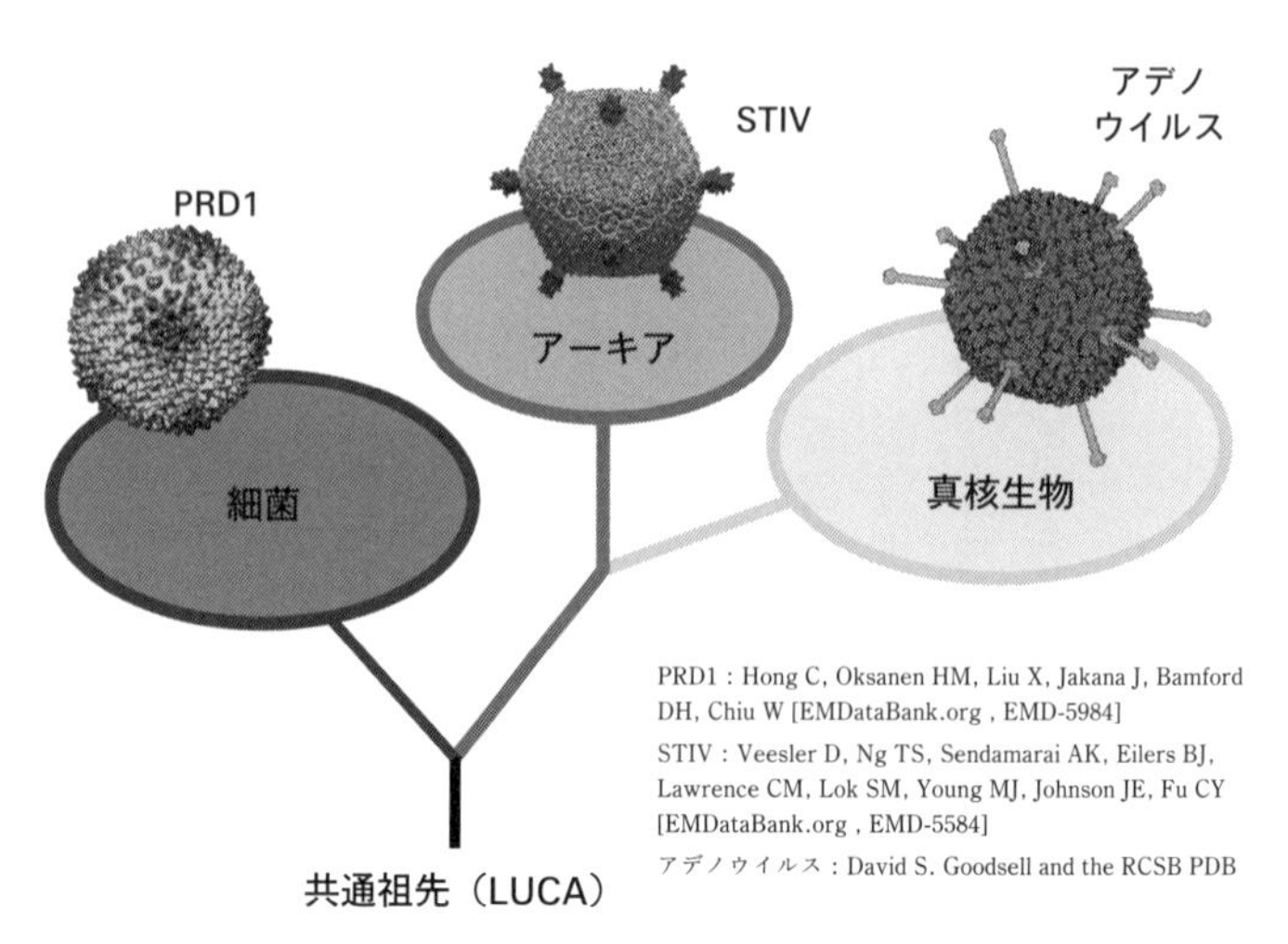

図4 三つのドメインに共通するウイルスカプシド

ドを持たないものの、ウイルスの仲間として「サブウイルス」に分類されている。そのRNAには、遺伝情報が書かれているだけでなく、リボザイムの機能が存在している。そのため、ウイロイドはRNAワールドの時代の面影をとどめている存在だとみなされているのである。この説が正しければ、ウイルスは細胞より先に誕生したことになる。

もう一つの根拠は、ウイルス粒子の骨組みを形作るカプシドの構造から提示されている。ウイルス粒子を超低温で急速に凍結して、氷の中に閉じ込めたまま電子顕微鏡で観察する「クライオ電子顕微鏡技術」などによる成果である。

一九七四年、ミシガン州の下水から分離された、PRD1というファージがある。これは大腸菌やサルモネラなどに感染するファージである。このファージのカプシドの微細構造をクライオ電子顕微鏡や結晶構造のX線解析で調べた結果が一九九九年に発表された。それによれば、このカプシドは、積み木のようにブロックが集まって形作られていた。このブロックの構造は、絨毯を両側から中央まで丸めていくとできるロールケーキのような形で、論文では「ダブル・ゼリー・ロール」と呼ばれている。これと同様の構造が、ヒトのアデノウイルスのカプシドにも確認されている。カプシドは、進化の過程であまり変化しないと推測されている部分である。細菌のウイルスと哺乳類のウイルスの間でカプシドの基本構造が共通していたことから、両ウイルスは共通の祖先に由来すると考えられた[6]。これは、ウイルスの起源が、少なくとも哺乳類（真核生物）と細菌の共通祖先よりも前の時代までさかのぼることを示唆している。

二〇〇三年には、米国イエローストーン国立公園の酸性温泉（pH二・九〜三・九、七二〜九二℃）から分離されていたアーキア*の一つ、スルフォロブスから球形のウイルス粒子が発見された。このアーキアを至適温度である八〇℃で培養した後、クライオ電子顕微鏡で観察したところ、ウイルス粒子は正二〇面体で表面に銃座のような突起がいくつも存在する珍しい形をしていた。そこで、このウイルスはＳＴＩＶ（銃座付き正二〇面体スルフォロブスウイルスの英語名の略）と命名された。このウイルスのカプシドも、ダブル・ゼリー・ロール構造を持っていた[7]。

＊　かつては古細菌（アーキバクテリア）と呼ばれていたが、現在は細菌とは別の系列の生物に分類されている。日本では、いまだに「古細菌」の名称が一般的だが、本書では正確を期して「アーキア」を用いている。

生物界は、細菌、アーキア、真核生物という三つのグループ（ドメイン）に分けられている。これらは三〇億年以上前に、共通の祖先（最後の普遍的共通祖先、LUCAと呼ばれている）から分かれたと推測されている。三つのドメインのウイルスに、共通の基本構造のカプシドが見つかったことは、LUCAの時代にすでにウイルスの祖先が存在していた証拠と考えられている（図4）。

〝ウイルスは細胞から逃げ出した遺伝子〟

二つ目の仮説は、逆に、ウイルスよりも先に細胞があったと考える。一九五〇年代、ファージ・グループの一人、アンドレ・ルヴォフは、ある種のファージが細菌の染色体に組み込まれて潜伏していることを発見し、これをプロファージと名付けた。プロは〝前に〟という意味なので、この名は「ファージになる前の姿」という意味である。潜伏中のプロファージは、宿主のDNAの中の文字列にすぎないが、プロファージが組み込まれた細菌に紫外線をあてると、活性化されて細菌を溶かし、子のファージが放出される。

ファージはDNAに遺伝情報を記録している。では、RNAウイルスの場合はどうだろうか。RNAウイルスであるニワトリ白血病ウイルスは、多くのニワトリに親から子へと垂直感染で伝えられている。一九六四年、ハワード・テミンは、ニワトリ白血病ウイルスのRNAがDNAに逆転写されてニワトリの染色体に取り込まれることを見つけ、プロファージにならって「プロウイルス」と名付けた。RNAウイルスも細胞の遺伝子の一つになっていたのである。一九七〇年、彼はポスドクの水谷哲と共同で、ニワトリ白血病ウイルスの一つであるラウス肉腫ウイルス粒子から、RNAをDNAに転写する逆転写酵素を発見して、プロウイルスが合成される仕組みを明らかにした（第5章で紹介）。この発見でテミンは一九七五年にノーベル生理学・医学賞を受賞している。

ただの文字列が、ウイルスになって細胞を飛び出すことがありうる。これらの成果から、「ウイルスは細菌または真核生物の細胞の遺伝子が逃げ出して、タンパク質の殻（カプシド）を作る遺伝子と遭遇して感染するようになったもの」とする仮説が生まれた。DNAウイルスのファージだけでなく、RNAウイルスも細胞の遺伝子由来（＝細胞が先）と考えられたのである。[8][9] テミンはこの仮説を「プロトウイルス説」と呼んだ。プロトは〝原始〟を意味する。

一方、一九七〇年代以降、マウス白血病ウイルスのゲノムから細胞由来の腫瘍遺伝子が相次いで見つかった。マウス白血病ウイルスにも逆転写酵素遺伝子があるため、これによりウイルスRNAが細胞DNAに逆転写されて細胞のゲノムに組み込まれ、ウイルスが活性化して放出される際に細胞の遺伝子を盗みだしたと考えられた。その後、さまざまなウイルスで細胞由来の遺伝子が見つかるようになった。これらの発見から、当初ウイルスの起源を説明していた「逃亡説」は、「すでに生まれていたウイルスが進化の過程で細胞の遺伝子を盗み続けている」という「泥棒説」に変わってきている。後者の仮説では、ウイルスと細胞のどちらが先かという問題はかすんでいる。

なお泥棒説は、巨大ウイルスの起源としても提唱されている。米国国立衛生研究所（NIH）のユージン・クーニンは、「巨大ウイルスは、小さなウイルスが進化の過程で宿主の遺伝子を何回にもわたって取り込んで巨大になった」という見解を発表している。タンパク質を構成するアミノ酸は二〇種類あるが、彼らが二〇一七年にオーストリア・クロスターノイブルク市の下水処理場のアメーバから分離したクロスノイウイルスからは、すべてのアミノ酸の合成に関わる遺伝子が見つかっている。系統樹を作ってみると、これらの遺伝子はすべてアメーバ由来と推測された。

これらの結果から、彼らは「巨大ウイルスはアメーバの細胞から盗みだした遺伝子を持ち込んで膨らんだ」と主張している。いわば、細胞から沢山の遺伝子を盗んで家（カプシド）を大きくした〝大泥棒〟というわけである。(10)(11)

〝ウイルスは細胞が退化したもの〟

「細胞が先に出現した」と考える仮説がもう一つある。「細胞が進化の過程で機能を徐々に失っていって、複製に必要な遺伝物質だけが残り、ウイルスになった」という仮説である。

実際に、機能を喪失しつつあるように見える生物が見つかっている。もっとも小さな細胞生物である細菌が退化した例に、クラミジアと呼ばれる微生物がある。これは、性器クラミジア感染症や、インフルエンザに似たクラミジア肺炎、トラコーマなどを起こす。一般的な細菌よりも小さく、人工培地では増殖できず、細胞内で初めて増殖するため、細菌が退化したものと考えられている。クラミジアもれっきとした細菌だが、その増殖メカニズムにはウイルスとよく似た面がある。クラミジアは細胞の外では基本小体と呼ばれる形をとる。基本小体は、ウイルス粒子と同様に、活性はないが感染性を持っている。動物に感染すると、細胞内で分裂して増殖した後、ふたたび基本小体が形成されて、細胞が破壊されると細胞外に飛び出し、ふたたび周りの細胞に感染する。

見かけ上、このライフサイクルはウイルスとよく似ていたため、クラミジアはバーネットの時代にはウイルスに分類されていた。しかし、クラミジアは、宿主の細胞の中で二分裂を繰り返すことで増殖するため、現在は細菌のクラミジア属に分類されている。

もう一つの例として、細胞の小器官であるミトコンドリアがある。これは、αプロテオバクテリアと呼ばれる細菌が細胞に入り込んで退化したものである。私たち真核生物は、すべての細胞内にミトコンドリアを持っている。これも、ウイルスとはまったく異なる存在である。

このほかには、細胞が退化してウイルスになるまでの中間の存在と考えられるものは見つかっていなかった。そのため、退化説は長い間捨て去られていた。

ところが二〇〇三年にミミウイルスが発見されてから、退化説がふたたび脚光を浴びている。ミミウイルスや、それに続いて発見されてきた多くの巨大ウイルスは、粒子のサイズが小型の細菌よりも大きく、しかもゲノムには、タンパク質の合成に関わる遺伝子などの細胞由来と考えられる遺伝子が含まれていた。これらの遺伝子で系統樹を作ってみると、真核生物が出現した時代に巨大ウイルスの祖先が存在していたことが推定されたが、生物界の三つのドメインのいずれにも該当しなかった。そのため、ミミウイルスの発見者のディディエ・ラウールやジャン＝ミシェル・クラブリーらは、巨大ウイルスの祖先はすでに絶滅した第四のドメインに属する細胞性生物であり、進化の過程で大部分の細胞因子が失われて巨大ウイルスになったと主張している。[12]

これは前述のクーニンの泥棒説と対立する見解である。

〝ウイルスの化石〟を発掘する古ウイルス学

ここまでは、バーネットの三つの仮説に関する議論を紹介してきた。近年、現存するウイルスの出現時期を推測する「古ウイルス学」の研究が進んでおり、いくつかのウイルスの来歴が明らかになり始めている。

ＤＮＡウイルスが精子や卵子といった生殖系列の細胞にたまたま感染すると、まれにだが、ウイルスＤＮＡがゲノムに組み込まれることがある。この時点でウイルスは死に、組み込まれた時代の姿で、宿主の遺伝子として残り続ける。古ウイルス学は、これを〝ウイルス化石〟とみなして、それが組み込まれた動物の出現時期からウイルスが存在していた時代を推定する。古生物学では生物が生息していた時代を化石が発掘された地層の年代などから推定するが、ウイルス化石の場合は、宿主動物が地層に相当するわけである。

また、高等動物から下等動物まで広く感染しているウイルスは、その遺伝子やカプシドの構造に少しずつ違いがある。進化生物学の立場から、この相違点を動物進化の系統樹と照らし合わせて出現時期を推測する試みが、Ｂ型肝炎ウイルスとヘルペスウイルスで進んでいる。

恐竜の時代から存在していたB型肝炎ウイルス

Ｂ型肝炎ウイルスは全世界で三億人近くが感染しているＤＮＡウイルスである。急性感染の場合、ウイルスは一週間から二週間で排除されるが、慢性感染の場合は、ウイルスは肝臓で持続感染しており、いわゆるキャリアーの状態になる。

Ｂ型肝炎ウイルスは、ヒト、類人猿（チンパンジー）、齧歯類（ウッドチャック、ジリスなど）などの哺乳類に感染しているものと、鳥類（アヒル、サギ、ツル）に感染しているものの二つの属に分けられている。

これらのウイルスの遺伝子配列から系統樹を作って調べた結果では、哺乳類と鳥類のＢ型肝炎ウイルスに共通の祖先ウイルスが存在していたのは三万年ないし一二万五〇〇〇年前と推定され、意外に新しいという結果が得られていた。ただしこの方法の場合、現在もウイルスの宿主である生物同士しか比較できず、かつてウイルスの宿主だったが、現在は宿主ではない生物は分析対象にできない。

米国テキサス大学のゲノム研究チームは、古ウイルス学の手法でＢ型肝炎ウイルスの出現時期の推測を試みた。彼らはまず、米国生物工学情報センター（ＮＣＢＩ）の一〇万種以上の生物の遺伝情報のデータベースで、ヒトＢ型肝炎ウイルスの配列を検索した。すると唯一、キンカチョウからＢ型肝炎ウイルスの遺伝子断片、すなわち〝ウイルス化石〟を発見した。なおキンカチョウはスズメ目の小鳥で、美しい声で鳴くことでペットとして古くから人気があるトリである。

Ｂ型肝炎ウイルスの遺伝子がいつ頃キンカチョウのゲノムに組み込まれたかを知るために、近縁の数種の小鳥のゲノムでウイルス遺伝子の配列が調べられた。すると、もっとも遠縁のキバラタイヨウチョウにはウイルス化石は存在していなかったが、次に遠縁のユキヒメドリには存在しており、これらの種が分岐した時代は三五〇〇万年ないし二五〇〇万年前とされていた。これらの成果から、この時代にB型肝炎ウイルスの遺伝子が組み込まれたと推定された。B型肝炎ウイルスが、さまざまな宿主を渡り歩きながら人類よりもはるかに長く生きてきたことが明らかになったのである。

また、キンカチョウの亜種の間では、ウイルス化石の遺伝子にわずかな変異が見つかった。亜種の出現時期との比較から、変異の速度が非常に遅いこと、また現存しているウイルスでの遺伝子の変異は、ゲノム内のウイルス化石の変異の一〇〇〇倍以上速く起きていたことも推測され、これらの結果は二〇一〇年に発表された。[13] この報告は、現在宿主である生物だけを用いて推定した祖先ウイルスの出現年代と、古ウイルス学により推定された出現年代に大きな開きがある理由を、ある程度裏書きしていると言える。

この報告に触発されたドイツ・ミュンスター大学の研究チームは、キンカチョウからさらに遠縁のトリを含めて調べた結果、ウイルス化石を持つトリの共通祖先が八二〇〇万年前に存在していたと推定し、その成果を二〇一三年に発表した。八二〇〇万年前と言えば、中生代の後期で恐竜がまだ生きていた時代に相当する。[14] B型肝炎ウイルスはその後の大絶滅の時代も生き延び、宿主を渡り歩いてきたのである。

新石器時代の人骨から分離されたB型肝炎ウイルスのゲノム

前述のように、はるか昔から生物進化とともにB型肝炎ウイルスが受け継がれてきたことは、ゲノムのデータベース解析により明らかにされた。二〇一八年、ドイツのマックス・プランク研究所とキール大学のチームは、ドイツのザクセン－アンハルト州で行われた発掘調査で発見された新石器時代（紀元前五〇〇〇年と三〇〇〇年）の二体の人骨から、実際にB型肝炎ウイルスのDNAを検出したことを発表した。

どうすればそんなことができるのか。彼らは、まず歯を粉末にしてDNAを抽出・解析し、B型肝炎ウイルスの断片をいくつも分離した。そしてそれらをつなぎ合わせることで、ウイルスの全ゲノムを回収した。こうして、今から七〇〇〇年以上前のヨーロッパで、B型肝炎ウイルスがすでに広がっていたことが確認されたのである。

この二人が生きていた時期は二〇〇〇年も離れていたが、B型肝炎ウイルスのゲノムは比較的似ていた。ただし、現代人のB型肝炎ウイルスよりも、むしろ現在チンパンジーとゴリラが保有するB型肝炎ウイルスに近かった。明らかに現在ヒトが感染しているウイルスとは別の系列で、すでに途絶えたものだと推測されている。ヒトの間でのB型肝炎ウイルスの進化の過程は複雑なものだったことがうかがえる。[15]

四億年前から存在していたヘルペスウイルス

単純ヘルペスウイルスは、子供の時に唾液などから感染するウイルスである。単純ヘルペスウイルスには1型と2型があり、1型は唇に水疱ができるいわゆる口唇ヘルペスの原因となる。2型は主に性器ヘルペスを起こす。これらの症状がなくなっても、1型ウイルスは三叉神経節に、2型ウイルスは仙骨神経節に入り込み、一生体内で眠っている。ストレスに曝された時や免疫力が低下した時に、神経細胞の長い突起を通ってウイルスが上皮細胞に運ばれ、そこで増殖して、症状が再発する。

水痘ウイルスも子供の時にかかる。いわゆる水疱瘡(みずぼうそう)である。回復してもウイルスは知覚神経節に潜み続けており、成人になってから、ストレスや免疫力の低下をきっかけに、上皮細胞に移って増殖することがある。そこは知覚神経の周囲なので、強い痛みを伴う水疱が出現する。これが帯状疱疹で、病名は異なるが、原因は子供の時に感染した水痘ウイルスである。そのため、現在は「水痘・帯状疱疹ウイルス」が正式名称になっている。

ヘルペスウイルスは、霊長類を含む多くの哺乳類（ウシ、ウマ、ブタ、イヌ、ネコ）、鳥類（ニワトリ、アヒル、シチメンチョウ、オウム）、爬虫類（トカゲ、コブラ、ウミガメ）、両生類（カエル）、魚類（コイ、サケ、ナマズ、ウナギ）など、脊椎動物に広く感染している。さらに無脊椎動物の軟体動物（カキ）にも感染している。いずれもヒトの場合と同様に持続感染である。最近は、以下のような水産業に対する深刻な被害が問題になっている。

二〇〇三年、茨城県霞ヶ浦で養殖用マゴイの大量死が起こり、コイヘルペスウイルスが原因と判明した。このウイルスは、一九九〇年代にヨーロッパで観賞用のニシキゴイに大きな被害を与えていたものだった[16]。

また、一九九〇年代初めからフランスでカキの幼生と若い個体での異常死が起きており、その原因はカキヘルペスウイルスだった。二〇〇八年には、若い養殖カキがカキウイルスで大量に死亡し、変異により病原性が増加したカキウイルスが原因ということが明らかにされた。この変異ウイルスはニュージーランドからオーストラリアにも広がり、ここでもカキの大量死を引き起こした[17]。

下等動物から高等動物まで広く存在するヘルペスウイルスは、ウイルスが宿主とともに進化してきた経緯を知るのに好適なモデルとみなされている。遺伝子の塩基配列から系統樹を作って調べた結果では、哺乳類、鳥類、爬虫類のヘルペスウイルスの共通祖先は、なんと四億年前のデボン紀にさかのぼると推測された。ウイルスのタンパク質の殻（カプシド）の詳細な構造を比較すると、ヘルペスウイルスの共通祖先は、無脊椎動物から脊椎動物が分かれた五億年以上前のカンブリア紀にさかのぼることが予想されている[18]。

ヘルペスウイルスは、持続感染する性質があるため、太古の昔から動物の系統進化とともに受け継がれてきたと考えられている。

われわれは多くのヒトウイルスに感染しているが、それらはヒトで生まれたウイルスではなく、太古の時代から生物とともに進化してきたウイルスである。数千万年ないし数億年を生き延びてきたウイルスが、たった二〇万年前に出現したホモ・サピエンスに感染してヒトウイルスに進化し、われわれとともに生きるようになったというわけだ。古ウイルス学や進化生物学は、これまでほとんど知られていなかったウイルスの進化の実態について、今後も興味深い情報を提供してくれるだろう。

免疫学の仮説提唱でノーベル賞を授与されたウイルス学者バーネット

バーネットは、オーストラリアのメルボルン大学医学部を卒業したあと、ウォルター・アンド・イライザ・ホール医学研究所で細菌学の道を歩みはじめた。一九二五年から二年間、ロンドン大学リスター研究所で、マウスにファージを接種してその免疫反応を観察し、産生される抗体のファージに対する影響を調べた。一九二七年、彼は友人への手紙で、「ファージは、生命の起源を含むより基本的な真実の発見に役立つかもしれない」と書いている。[19]

バーネットは、ファージがウイルスの性状を持つ微生物であり、多くの種類が存在していることや、細菌の中に潜伏する現象（のちにルヴォフが提唱したプロファージ）についてなど、ウイルスの基本的な性質を明らかにし、さらに突然変異を起こすことも観察していた。デレーユがファージについて治療法の開発という視点で研究を進めたのに対して、バーネットは、ファージの生物学的な観察を通じて、細菌遺伝学の基礎的概念を生みだしていった。一九二七年には、代表的な細菌学の教科書のファージの章の執筆を任されている。彼は、のちにマックス・デルブリュックらがファージ研究により開拓することになる、分子生物学という新分野（第4章）に先鞭を付けたと評価されている。

バーネットの研究は、ファージの性状と機能の解明、インフルエンザウイルスの受容体の特定、孵化鶏卵でのポックスウイルスの測定法の開発など多岐にわたっていた。それらの業績が評価されて、一九四八年から一九六〇年まで、五一、五二、五七年以外のすべての年にノーベル賞の最終候補に推薦されている。[20]

バーネットの真骨頂は、その大胆な仮説にあった。たとえば彼は、ウイルスの研究だけではなく免疫学についても考察を続けており、「自己の体を構成する物質が抗体や免疫反応を起こさないのは、胎児の時期に体内に存在するあらゆる抗原性物質が自己の成分として受け入れられているためである」という免疫寛容の概念を提唱していた。*

一九五七年、バーネットは「あらゆる抗原に対する抗体を産生するリンパ球クローンが遺伝的に存在していて、外から入り込む抗原の刺激でクローン細胞が増殖して抗体を産生する」という「クローン選択説」を発表した。免疫反応をリンパ球の集団動態として解釈したこの説は、彼の長いウイルス研究の経験からウイルスの遺伝学的変異に考えをめぐらせた結果、突然ひらめいたものであった。

一九六〇年、バーネットは、ウイルス学への貢献に対してではなく、免疫寛容の概念とクローン選択説を提唱して近代免疫学の基礎を確立した功績に対して、ノーベル生理学・医学賞を授与された。[19]

* 筆者は国立予防衛生研究所（現国立感染症研究所）に在籍していた一九七〇年代初め、バーネットの大著

Cellular Immunology — Self and Not-Self（細胞免疫学・自己と非自己、一九六九年）に出会い、有志をつのって難解なこの書を輪読したことを懐かしく思い出す。

第4章　ゆらぐ生命の定義

〝増殖し、かつ変化する巨大分子〟

ウイルスが発見された当初は、細菌フィルターを通過してしまうことを除けば、その振る舞いは細菌などの微生物と同じとみなされていた。そのため、ウイルスが〝生きている〟と考えることについて、とくに異論は出ていなかった。

しかし、一九三五年、ウェンデル・スタンリーにより、タバコモザイクウイルスが核酸とタンパク質の「分子」として結晶化された。この分子は直径が約一五マイクロメートル、長さが約三〇〇マイクロメートル、分子量が五〇〇〇万以上という、これまでにない大きなものであった。しかも、それは増殖し、かつ変化する能力を備えていた。

それまで、「生物と無生物にははっきりした境界があり、生命は科学ではおそらく説明できない特別なものである」と受け止められていた。そこに、ウイルスは生物か無生物かという議論が持ち上がった。当時の状況について、川喜田愛郎は、「長い間生物とばかり思いこんでいたものがどうやら無生物であったらしい、ということになったとすれば、たしかにそれは容易ならぬこと」として、生物と無生物の境界を問う難題を提起したウイルス学に対して当惑があったことを指摘している[1]。

それ以来、〝ウイルスは生きているか〟という問いをめぐる議論が続いている。スタンリーは、一九五七年アメリカ哲学会の記念講演で、アリストテレスの「自然は生物界から無生物界まできわめて徐々に移り変わっているので、両者の境界線は疑わしく、おそらく存在しない」という言葉を引き、この二〇〇〇年以上前の言葉の本質は、科学的知識が蓄積してきた現在でも今なお真実であると指摘した。そして、生命の本質は増殖する能力であって、それにエネルギーの利用が付随していると述べている[2]。

また、たとえばウイルスは細胞より先に出現したと主張している分子生物学者ルイス・ヴィラリアルは、「ウイルスは生命と不活性物質の境界をさまよう寄生者」と述べている。国際ウイルス分類委員会委員長を務めていたマルク・ヴァン・レジャンモーテルは、「ウイルスは借り物の生命」と言い、分子生物学の創始者の一人、アンドレ・ルヴォフは「ウイルスを生きものとみなすかどうかは、好みの問題」と語っている[3]。

このようにさまざまな見解が出される背景には、生命の定義そのものがはっきりしていないという問題がある。

生命も生物もライフ（Life）

ウイルスが生きているのかという議論には、「生命とは何か」という問題が深く関わっている。英語では生命も生物も〝ライフ〟である。〝生きもの〟として区別する場合には living organism, living agent または living thing と呼ばれている。『生物学事典　第5版』（岩波書店、二〇一三年）は、生物は生命現象を営むものと述べ、生命については生物の本質的属性として抽象されるものとしている。『哲学事典』（平凡社、一九七一年）は、生命は、「生物にのみ固有の属性。もしも生命の概念を前提として生物を定義し、生物の概念を前提として生命を定義するならば、それは循環論であるが、われわれは現代科学の認識の上にたって、まず生物を、地球の歴史の一時期において発生しそれ以後に発展を続け、相互に歴史的な関連をたどりうる一群の物質系として定義することができる」と踏み込んでいる。

近現代科学における生命の議論は、分子生物学や物理学の分野で始まった。分子生物学の創始者であるマックス・デルブリュックは、ファージの研究を始める前の一九三五年、「遺伝子突然変異の本質と遺伝子の構造について」という論文で、遺伝子が「生命の究極の単位」となることを予言していた。[4] 量子力学の生みの親である物理学者エルヴィン・シュレーディンガーは、一九四四年に出版された著書『生命とは何か』（岡小天、鎮目恭夫訳、岩波書店、二〇〇八年）で、デルブリュックの遺伝子の安定性についての見解を高く評価し、遺伝子を分子として描いたデルブリュックの模型について考察し、「生命は秩序のある規則正しい物質の行動であって、それは秩序から無秩序へと移り変わってゆく傾向だけを基としているものでなく、現存する秩序が保持されていることも一役買っていると考えられます」と述べた[5]。

彼らが示唆する生命を具体的に言い表すと、どんな言葉になるのだろうか。宇宙生物学は、生命の定義がはっきりしなければ、地球外生命をどのように探索するのかを計画できないという問題を抱えている。一九九二年から、アメリカ航空宇宙局（ＮＡＳＡ）の地球外生命探査計画ワーキンググループは、生命の定義についての議論を行っていた。その結果、「絶えず予期しない変化が起きている環境で、遺伝情報を分子として記憶し維持する手段として、ダーウィン進化以外のものは存在しない」という結論に達した。ダーウィン進化には、自力複製または増殖、遺伝、形態と機能の変異、代謝が含まれる。ワーキンググループの中心メンバーのジェラルド・ジョイスは、試験管内で自力複製するＲＮＡの研究を通じて人工生命体をつくることを目指していた。彼は、一九九四年、「生命はダーウィン進化が可能な自立した化学システムである」という定義をまとめ、発表した。これはＮＡＳＡの作業上の定義に採用されている[6][7]。

生命を二つの単語で定義できるか？

このＮＡＳＡの定義以外にも、さまざまな生物学者が独自に提案した生命の定義が存在する。いろいろな生命の定義が林立しているため、二〇一一年、イスラエル・ハイファ大学進化研究所のエドワード・トリフォノフはそれらを言語学的に整理することを試みた。現代病理学の創始者ルドルフ・ウィルヒョウが一八五五年に提唱した生命の定義をはじめとする、これまでに多分野の科学者が提唱してきた一五〇の定義を集め、内容が重複したものを除いた一二三の定義について、共通するキーワードを拾って簡潔にまとめていったのである。その結果、「生命は、変化（進化）を伴う自力増殖が可能で代謝活性のある情報システムであって、エネルギーと適切な環境を必要とする」という文言が候補として選ばれた。これをさらに簡潔にするために、〝代謝〟の存在には〝エネルギー〟と〝材料〟の供給が含まれ、これらは〝環境〟も表していると判断した。〝自力増殖（複製）〟はもっとも包括的な用語で、代謝とシステムも意味すると判断された。つまり、自力増殖は、代謝システム、エネルギー、および材料供給があって初めて可能となると考えたのである。このような作業の結果、最終的に生命は「self-reproduction with variations（変異を伴う自力増殖）」という三つの単語に集約された。

一二三の定義のうち、このキーワードに近いもっとも簡潔な定義は、一九二四年にソ連の生化学者アレクサンドル・オパーリンが述べた「複製と変異が可能なシステムはすべて生きている」であった[8]。

ウイルスは、複製はするが細胞に依存しており、自力では増殖できないため、トリフォノフにより集約された生命の定義を満たしていない。ただし、〝自力〟という条件について、生化学者でサイエンスライターでもあるニック・レーンは、ヒトも食事が必要であり、特定のビタミンなどの外部の助けがなければ、宿主のないウイルスと同じ運命を辿るだろうと指摘している[9]。

進化生物学者のジョン・メイナード・スミスは、生命を「増殖、遺伝、変異の性質を持つ実体」としている。この条件であれば、ウイルスもあてはまる。進化生物学者でサイエンスライターでもあるカール・ジンマーは、「ウイルスを生命の仲間からはずすと、どのように生命が始まったかを知るもっとも重要な手がかりを失うことになる」と指摘している。[10]

移り変わってきた生物の分類

次に、「生物」がどのように分類されてきたのかを振り返ってみたい。

一九世紀前半までは、生物とは動物と植物のことであった。そこへ、一八六〇年、ワインやビールの発酵の原因として酵母（真菌）がパスツールにより発見され、「生きた微小な生物」として生物の仲間に入れられた。一八七六年にはロベルト・コッホが炭疽菌を分離した。当初は真菌も炭疽菌と同様に細菌の一種とされていたが、真菌には核があり細菌には核がないことから、二〇世紀半ば、生物はさらに真核生物（動物、植物、真菌）と原核生物（細菌）の二つに分けられた。

一九七〇年代に遺伝子解析の技術が生まれると、さまざまな生物のDNAやRNAの配列が解読されるようになった。生物物理学者であり微生物学者のカール・ウーズは、すべての細胞が持つもっとも基本的な特性であるタンパク質合成の機能は、進化の過程で安定に保たれているはずだと考えた。そこで、タンパク質合成のための細胞内小器官であるリボソームの構造に基づいて生物の系統樹を構築することを思いついた。ウーズは、解析する構造に、リボソームの一部、16S RNAを選んだ。

この研究が、生物の系統樹を大きく書き換える驚くべき成果を生んだ。一九七七年、彼は酸素が存在しない沼地の底などで増殖するメタン産生菌の16S RNAの遺伝子構造を調べたところ、ほかの細菌とはかなり異なっていることに気づき、「古細菌（アーキバクテリア）」という魅力的な名前を付けた。一九七八年には塩田などで増殖する高度好塩菌が、一九七九年には米国イエローストーン国立公園の間欠泉で分離されていた超好熱菌が古細菌の仲間に加えられた。

その後、この古細菌という名称は改められることになった。RNA合成酵素を研究していたドイツの生化学者ヴォルフラム・ジリッヒがウーズの研究に興味を抱き、超好熱菌などのRNA合成酵素を調べたところ、細菌の酵素よりも複雑で真核生物に近いことに気がついた。一九八三年には、酵母（真核生物）のRNA合成酵素に対する抗体は古細菌を認識するが、細菌を認識しないことを明らかにした。こうして古細菌は細菌よりも真核生物に近いことがわかり、一九九〇年、ウーズは古細菌を細菌とは別の系列の生物と判断して、名前から「細菌（バクテリア）」を削除し「アーキア」に改めた。そして、生物界を真核生物、細菌、アーキアという三つのドメインに分類することを提案し、これが現在まで定説となっている。[11]

新たな生命観の提唱

生物の分類は、最初は肉眼による観察によって、次に顕微鏡での形態観察によって、そしてリボソームの遺伝子の解析に基づいて決められるようになった。科学技術の進展により、かつて生物のすべてだと考えられていた植物と動物は、今では生命の系統樹の小さな枝の一つにすぎないことがわかっている。そして、もしかしたら今もまだ、われわれは樹の全体像を見ていないのかもしれない。

二一世紀に入ってミミウイルスが発見され、そこからタンパク質合成に関わる遺伝子が発見された。そして、相次いで同様の巨大ウイルスが発見されている。その中には、前述の二〇一七年に発見されたクロスノイウイルスのように、二〇種のアミノ酸すべての合成に関わる遺伝子を持つものもある。(12)

科学哲学者のカール・ポパーは、『科学的発見の論理』(大内義一・森博訳、恒星社厚生閣、一九七一年・一九七二年)で、定義はその時代におけるデータと手段に基づくもので、科学的進歩の過程でほかの理論にとって代わられるものである、という見解を述べている。(13) 二一世紀に入ってからのウイルス学の進展はめざましく、現在の生物の定義(ウーズの三ドメイン説)はまだそれを反映していない。ミミウイルス発見者のディディエ・ラウールと分子生物学者パトリック・フォルテールは、巨大ウイルスを含めたウイルス世界をあらためて眺めた結果、ウーズが提唱した三つのドメインからなる生物界を「リボソームをコードする生命体」と定義し、そしてウイルスを「カプシドをコードする生命体」と定義することを二〇〇八年に提唱した(14)(**図5**)。この提案に対しては賛否両論が出されており、議論が続いている。

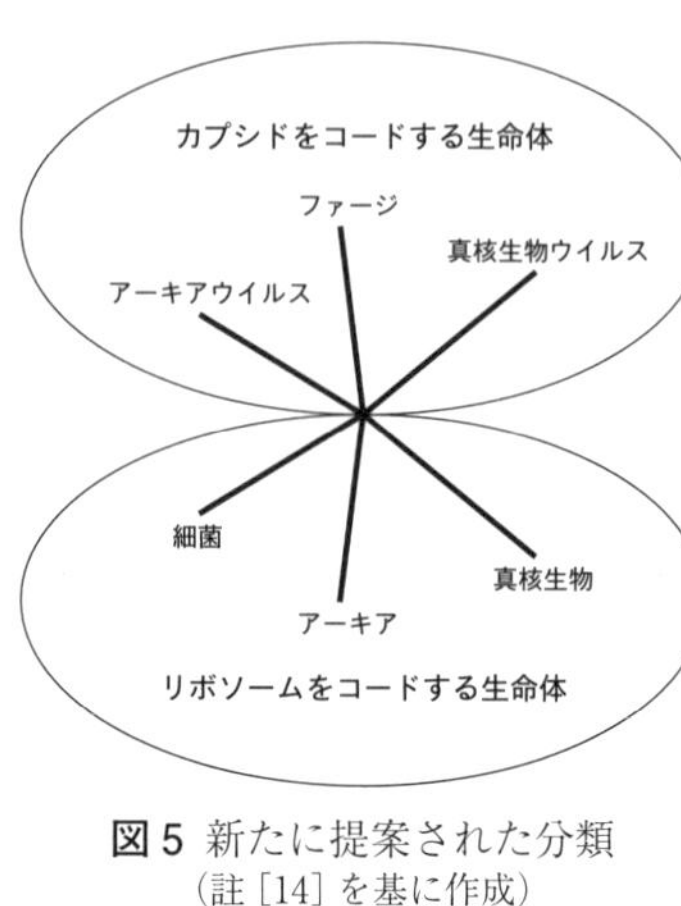

図5 新たに提案された分類
(註[14]を基に作成)

ポリオウイルスの試験管内合成

生命についてさまざまな見解が飛び交う中、二〇〇二年に「ポリオウイルスを化学合成した」というショッキングな報告が発表された。細胞を介さずに、単なる物質にすぎない原子をつないで、感染力を持つ生きたウイルスを試験管内で作ったというのである。

ニューヨーク、ストーニー・ブルック大学のエッカード・ウィンマーは、まずポリオウイルス粒子の実験式を求めた。すると$C_{332,652}H_{492,388}N_{98,245}O_{131,196}P_{7,501}S_{2,340}$となった。これはウイルスの化学的側面を示していたが、各元素がそれぞれいくつつながっているかを表しているだけでどんな順番かはわからないため、化学合成には役立たない。

そこで彼は、実験式ではなく遺伝子の塩基配列を出発点にして、ポリオウイルスを試験管内で合成することを試みた。ポリオウイルスの遺伝子は、約七五〇〇個の塩基からなる一本のRNAである。これだけの長さのRNAを化学合成することはできないので、彼は、数多くの短い配列に分けて、それぞれに相補的な二本鎖DNAをメールで発注した。そして、合成されたそれらをつないで約七五〇〇塩基対の二本鎖DNAを作成した。そこには、ポリオウイルスのゲノムのすべての遺伝情報が含まれている。彼はこの合成DNAを細胞に導入して、遺伝情報をRNAに転写する酵素を用いてRNAを作り出した。それは感染性のあるポリオウイルスそのものであった[15]。

それまで、親のゲノムがなければ、子は細胞であれウイルスであれ生じないと信じられていた。彼らの試みは、ポリオウイルスを化学の範疇にまで還元して見せ、生物学の基本的原則を打ち破ったと言えるだろう。そして、生命とは何かという問題がふたたび持ち上がった。

ウィンマーは、「ポリオウイルスは生きているのか、それとも死んでいるのか」と尋ねられた時、答えはどちらもイエスであり、ウイルスは生きていないものと生きているものの両側面を持つと述べている。「細胞外ではピンポン球と同様に死んでおり、結晶化できる化学物質であり、化学合成したポリオウイルスと同じ立体構造を持っている。しかしこの化学物質は、細胞の中で生存するためのプランを持っている。その増殖は、遺伝、遺伝子変異、適者の選択といった、進化の法則にしたがっている」として、生命体と区別できないと主張している。[16]

ヒトゲノム計画で中心的役割を果たしたクレイグ・ヴェンターは、二〇一〇年に小型の細菌であるマイコプラズマの全ゲノムを化学合成し、近縁のマイコプラズマに導入して、宿主のゲノムと入れ替わった人工生命を作り出した。これは、ウィンマーが化学合成したポリオウイルスと同様に、現存するゲノムをコピーしたものにすぎない。それでも人工生命誕生の衝撃は大きく、オバマ大統領（当時）は生命倫理委員会を即座に立ち上げ、ローマ法王庁はヴェンターに質問状を送った。二〇一六年、さらにヴェンターは、増殖に必要な最低限の遺伝子四七三個を持った人工生命を作り出した。このゲノムはコピーではなく、新たにデザインされたものである。[17]

アリストテレスが予言したように、生物界と無生物界の境界は、ますます薄くなってきている。

会話をするウイルス

ウイルスはただ単に増殖能力を持つだけの、生物に比べれば単純な存在だと長らくみなされてきたが、その常識をくつがえす発見が続いている。たとえば最近、ウイルスの間で情報交換を行うシステムが存在するという驚くべき報告が発表された。

細菌には「クオラムセンシング」というシステムがある。クオラムとは、議会などで議決に必要な定足数を指す法律用語である。クオラムセンシングは、細菌の生息密度が高くなっていることを感知して、それを周辺の細菌に知らせるペプチドを放出するシステムで、集団感知システムとも呼ばれている。このペプチドは、特定のタンパク質の合成を促進するもので、病原細菌の場合には、菌数がある程度まで増えるとこのシステムにより毒素の産生が一斉に増加する。

イスラエルのワイズマン研究所の細菌遺伝学者ローテム・ソーレクのチームは、「細菌が仲間の細菌にウイルス（ファージ）感染の危険性を知らせる物質を産生している」という仮説を立てて研究を行っていた。この仮説は証明されなかったが、彼らは、なんとファージの間にクオラムセンシングのような情報の交信システムがあることを発見し、二〇一七年に「ネイチャー」に発表した。

ラムダという名前のファージの感染プロセスには、大腸菌に感染した後、細菌が溶けてしまうまで増殖して子孫のファージを放出する場合と、細菌のゲノムに潜り込んで、増殖のきっかけが生じるまでおとなしく隠れる場合がある。前者は溶菌サイクル、後者は溶原サイクルと呼ばれている。ラムダファージの感染が溶菌サイクルと溶原サイクルのどちらに進行するかは、偶然によると考えられていた。ただし、感染した細菌の培養液の性状や、感染するファージの数の影響を受けることも知られていた。

ソーレクらは、φ（ファイ）3Tと呼ばれるファージを枯草菌の試験管に加えた。すると枯草菌が溶かされたので、今度はその試験管の培養液を濾過して、細菌とファージを除去したあと、その濾液を別の細菌とファージの培養試験管に加えてみた。すると今度は、ファージは細菌を溶かさず、細菌のゲノムに潜り込む傾向が見られるようになった。彼らは、濾過した培養液にファージの振る舞いを変える謎の分子が含まれていると考え、これを〝決定〟分子と名付けた。

二年半の探索を行った結果、この分子はファージに感染して死んだ枯草菌からにじみ出た、わずか六個のアミノ酸がつながったペプチドであることが明らかにされた。さらに、このペプチドに対応すると推測される配列がファージのゲノムで見つかった。そこで、化学合成した〝決定〟分子を細菌とファージの培養試験管に加えていったところ、分子の濃度が増加するにつれて細菌の溶解は減少した。

〝決定〟分子は次のように作用する。ファージによって多数の細菌が死亡すると、〝決定〟分子の量が増加する。残った細菌に感染するファージは、先に感染したファージから、すでに多数の細菌が死亡したというメッセージを受け取って、溶菌を起こさずおとなしく潜み、ふたたび細菌が増えるのを待つというわけである。

ソーレクらは、ほかのファージでも同様の通信システムを発見している。「ファージが発信する周波数はそれぞれ異なっていて、同じ言葉を話すファージからの情報だけを聞き分けている」とソーレクは語っている。

動物のウイルスにも、このような会話システムが存在する可能性が示唆されている。もしかしたら、エイズの原因であるヒト免疫不全ウイルスを完全に潜伏状態に向かわせる分子も存在するかもしれない。[18][19]

ウイルス学の進展は、生命をどう定義するかという問題にさまざまな議論を引き起こしてきた。この議論にコンセンサスが得られる見通しはないが、少なくとも、「ウイルス粒子は無生物と同様の存在であるが、細胞内では生きている」という見解は受け入れられてきたとみなせるだろう。さらにウイルスの会話システムという思いがけないウイルス像が明らかにされた。このほかにも、現在は反論があるために本書では紹介しないが、獲得免疫システムがあるとの報告もある。生命体としてのウイルスをめぐる新しい発見は、これからも続くものと思われる。

第5章　体を捨て、情報として生きる

「生物は、DNAの遺伝情報をRNAに転写して、そのRNAをタンパク質合成酵素に渡し、タンパク質を作らせる。つまり遺伝情報は常にDNAからRNAへと一方向に流れており、その逆はない」。この考え方は「セントラルドグマ」（中心教義）と呼ばれ、長い間、分子生物学の大原則だった。

ウイルスは、この細胞の仕組みをさまざまな方法で乗っ取って自己を複製する。たとえばファージは、細菌のゲノムに自分の遺伝情報を組み込み、遺伝情報の一部となって潜伏する（プロファージ）。この事実は、ファージが遺伝情報をDNAに記録していたために抵抗なく受け入れられた。DNA同士を切り貼りする酵素さえあれば、自身の遺伝情報を宿主の遺伝情報に紛れ込ませることができるだろう、というわけだ。一方RNAウイルスについては、ウイルスは宿主のDNAにはまったく手出しができず、宿主のRNAのふりをして、下流工程のタンパク質合成酵素だけを乗っ取っているのだろうと考えられていた。

ところが、ニワトリにガンを作るRNAウイルスから、RNAの情報をDNAに書き込む「逆転写酵素」が発見され、事態は急変した。その後、さまざまな動物で逆転写酵素を持つレトロウイルスが発見され、ゲノムに組み込まれて子孫に受け継がれる「内在性レトロウイルス」の存在も明らかになった。二〇〇三年に完了したヒトゲノムの解読結果によれば、驚くべきことに、ヒトゲノムの約九%が内在性レトロウイルスで占められていた。われわれの身体を構成するタンパク質をコードする遺伝子がわずか約一・五%であるのに対し、その数倍もの配列が内在性レトロウイルスだったのである。

「コロンブスの卵」だった逆転写酵素の発見

一九〇九年、米国ロックフェラー研究所の病理実験室でガンの研究を行っていたペイトン・ラウスのもとに、胸に大きな腫瘍のある雌鶏が持ち込まれた。細菌を通さないベルケフェルト・フィルターで腫瘍の乳剤を濾過して健康なニワトリに接種すると、肉腫ができることを発見し、一九一一年、彼は「腫瘍細胞から分離された因子によるニワトリの肉腫」という論文を発表した。当時は、ウイルスがガンを起こすとはまったく考えられていなかったため、彼はそれをためらいがちに「因子」と呼んでいた。これは、最初に分離されたガンウイルスであり、のちにラウス肉腫ウイルス（RSV）と名付けられた。

一九六四年、ハワード・テミンは、RSVと同じ配列のDNAが感染細胞に存在することを発見し、これをプロファージと同じ現象と考えて、「RSVは、その遺伝情報がDNAに変換されて細胞のゲノムに取り込まれる過程を経て増殖する」というプロウイルス仮説を発表した[1]。しかし、ウイルスのRNAがDNAに一旦変換されるというこの仮説は、「遺伝情報の流れはDNA→RNA→タンパク質の一方向である」とするセントラルドグマに反するものであり、すぐには受け入れられなかった。

一九六九年、逆転写の具体的なメカニズムが明らかになった。テミンの研究室にポスドクとして加わった水谷哲は、RSVのRNAがDNAに、つまりプロウイルスに変換される際に、新しくタンパク質を合成する必要があるかどうか調べ、その必要がないことを明らかにした。すると、ウイルスがRNAをDNAに変換するための酵素はどこに存在するのだろうかという疑問が生じる。水谷は、もっとも合理的な説明として、ウイルス粒子の中にRNAをDNAに変換する酵素がすでに存在すると考えた。そして、一九七〇年には、RNAをDNAに変換する酵素をRSV粒子から抽出・精製することに成功し、「RNA依存性DNA合成酵素」と名付けた[2]。この名称は、論文を掲載した「ネイチャー」誌の編集者により「逆転写酵素（reverse transcriptase）」と改名された。また、RSVなど、逆転写酵素を持つ一群のウイルスは、一九七四年に「レトロウイルス」と命名された（章末コラム参照）。

この発見は「コロンブスの卵」であった。その実験は、アイディアはユニークだが誰でもすぐに再現できる単純なものだった。技術的な困難はなかったにもかかわらず発見に数年を要したのは、あまりにも「セントラルドグマ」が絶対視されていたからであった。

内在性レトロウイルスの発見

一九六八年、ロンドン大学のロビン・ワイスは、一部のニワトリの細胞は、ＲＳＶの感染によりガン化するものの感染性ウイルスを放出しないことを発見した。調べてみると、感染性ウイルスを放出するニワトリ細胞のゲノムには、レトロウイルスの被膜（エンベロープ）の遺伝子が組み込まれていた。ＲＳＶはエンベロープ遺伝子を欠いていたため、エンベロープ遺伝子が内在している細胞に感染した時だけ、感染性ウイルスが産生されていたのである。しかも、この内在遺伝子はメンデルの法則に従ってニワトリの間で遺伝していた。これが、内在性レトロウイルスの最初の発見となった(3)。

その後、マウスレトロウイルスでも、ウイルス遺伝子がマウスのゲノムに内在している例が相次いで発見された。また、一九八〇年代から、ヒトでも内在性レトロウイルス（human endogenous retrovirus：ＨＥＲＶ）が見つかりはじめた。今では、冒頭でも紹介したとおり、ヒトゲノムの約九％が内在性レトロウイルスで占められていることがわかっている。

内在化は万に一つの偶然

ヒト内在性レトロウイルス（ＨＥＲＶ）の大本は、約三〇〇〇万〜四〇〇〇万年前に、霊長類の間で水平感染を起こしていたレトロウイルスだと考えられている。ある時、このウイルスがたまたま生殖系列の細胞（精子または卵子）に感染し、ゲノムに組み込まれ、宿主の遺伝子の一つとなった。その結果、親から子へと垂直に受け継がれるようになった。受精卵にレトロウイルスの遺伝情報が書き

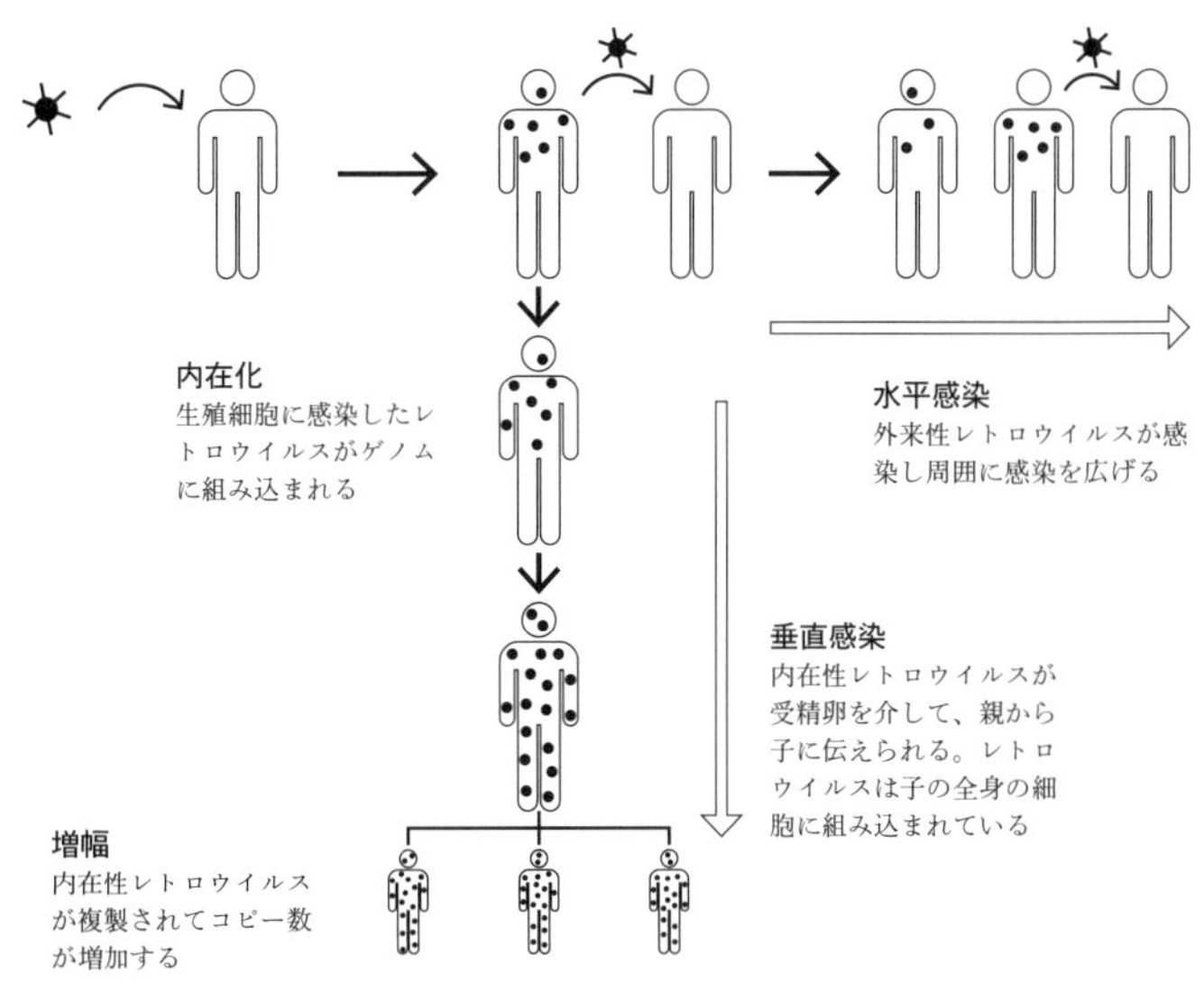

図6 水平感染と垂直感染

込まれたために、成長した個体の全身の細胞にレトロウイルスの遺伝情報が行き渡り、また子孫にも受け継がれるようになったのである。ＨＥＲＶは、長年の間に、遺伝子にさまざまな変異が起こって複製能力を失った結果、今はヒトのＤＮＡ中に眠っている。ただし、何かきっかけがあると働き出すことがある。最近、これらが単なるウイルス化石ではなく、次に述べるようにさまざまな機能を発揮していることが明らかになりつつある[4]（**図6**）。

なお、エイズの原因であるヒト免疫不全ウイルス（ＨＩＶ、通称エイズウイルス）も、レトロウイルスの仲間で増殖する際にウイルスのゲノムがヒトのゲノムの一部に組み込まれる。今のところ、ＨＩＶは内在性ウイルスにはなっていない。

ＨＩＶはレトロウイルス科のレンチウイルス属に分類されている。二〇〇八年に、マダガスカルのキツネザルのゲノムから内在性レンチウイルスが見つかった。これは、約四二〇万年前に組み込まれたと推定されている。[5] この例は、レンチウイルスも内在化しうることを示している。

ただし、キツネザルの場合と比較すると、ＨＩＶとヒトの遭遇はつい最近のことにすぎない。ＨＩＶは、二〇世紀初めに中央アフリカである一人のヒトにチンパンジーから感染したウイルスがヒトの間で広がったものと推測されている。レトロウイルスが内在性ウイルスになるには、さまざまな偶然が必要である。まず、体細胞ではなく生殖細胞に感染し、侵入しなければならない。そして、ある一人のヒトの生殖細胞の一個の染色体に組み込まれたプロウイルスが、染色体の中で遺伝子座を獲得して、親から子へと子孫代々受け継がれて行かなければならない。ＨＩＶが内在性ウイルスとしてヒトの集団に広がる事態は、きわめて低い確率でしか起こらず、しかも長い年月を必要とするだろう。

私たちはウイルスに助けられて生まれた？

ヒトのゲノムには、約二五万六〇〇〇個（組み込み部位）のＨＥＲＶが存在している。同じ祖先のウイルスに由来するものはファミリーと呼ばれていて、これまでに、一〇〇近いファミリーが見つかっている。[6] これらのうち、ヒトでの役割が明らかにされつつあるファミリーとして、ＨＥＲＶ－Ｗ、ＨＥＲＶ－Ｈ、ＨＥＲＶ－Ｋがある。

ヒトの胎盤には、「合胞体栄養膜細胞」という細胞が集まっている構造がある。合胞体とは細胞膜同士が融合してできている多数の核を持った細胞のことで、これが胎児の血管と母親の血管の間を隔てている。この膜は、ＨＥＲＶ－Ｗのエンベロープ遺伝子がコードするシンシチンというタンパク質の細胞融合活性により形成されると考えられている。胎児が父親から受け継ぐ遺伝形質は母親にとっては異物なので、胎児は母親のリンパ球により排除されるはずだが、この特殊な膜が胎児に必要な栄養だけを通して、母親のリンパ球の侵入を防いでいると考えられている。つまり、ウイルスの遺産に守られてわれわれは生まれてきたというわけである[7]。

ＨＥＲＶ－Ｈは、多能性の維持に関わっていることが推測されている。受精卵は、分裂を繰り返し、身体のあらゆる細胞へと分化できる「多能性」を持っている。ＥＳ（胚性幹）細胞は発生初期の多能性を持つ状態の細胞から分離したものであり、ｉＰＳ細胞は体細胞に分化したものを未分化の段階にリセットしたもので、どちらもこの多能性を持っている。ＥＳ細胞、ｉＰＳ細胞のいずれでも、ＨＥＲＶ－Ｈが異常に高度に発現していて、分化が始まると、発現が低下することがわかっている[8][9]。

一方、ＨＥＲＶは病気にも関わっている可能性が考えられている。たとえばＨＥＲＶ－Ｗは、多発性硬化症と呼ばれる神経疾患の原因に関わっている可能性が疑われている[10]。また、ＨＥＲＶ－Ｋは睾丸腫瘍や悪性黒色腫などのガンへの関与が疑われている[11]。

ここで紹介したのは、ＨＥＲＶの役割の氷山の一角にすぎない。さまざまな病気に関わっている可能性だけでなく、数千万年にわたる進化にどのように関わってきたかを解明することも、すべてこれからの研究課題である。

ている。

妊娠を維持するヒツジの内在性レトロウイルス

内在性ウイルスの働きを止めてその役割を調べるという、ヒトでは不可能な実験がヒツジで行われている。

世界各国のヒツジの間で、一九世紀終わり頃から、ヤーグジークテと呼ばれる肺ガンが広がっていた。一九八八年にこの病気がレトロウイルスによることが報告され、ヤーグジークテヒツジレトロウイルス（Jaagsiekte sheep retrovirus：ＪＳＲＶ）と命名された。また、一九九二年にヒツジのゲノムからこのウイルスの配列が見つかり、内在性のウイルスが存在していることが明らかにされた。ゲノムに組み込まれたのは約五〇〇万年から七〇〇万年前と推定されているが、その後も内在化はたびたび起き、もっとも最近では二〇〇年前に起きたと推定されている。

ＪＳＲＶには内在性と外来性の両方のタイプが存在しており、ヒツジの間で感染を広げて肺ガンを起こしているウイルスは外来性ＪＳＲＶである。内在性ＪＳＲＶは雌のヒツジの生殖器官にとくに多量に発現している。内在性ＪＳＲＶが発現した生殖器官に外来性ＪＳＲＶが感染できなくなった結果、呼吸器に感染を起こすようになってきたとも推測されている。

実は、この内在性ＪＳＲＶは妊娠の維持に重要な役割を果たしていると考えられている。ヒツジが妊娠し受精卵が子宮粘膜に着床して胎盤ができはじめる頃、子宮内膜でＪＳＲＶのＲＮＡの量が一〇倍以上増加し、ウイルスのエンベロープタンパク質も見つかるようになる。[12] そこで妊娠初期にエンベロープ・タンパク質の発現を阻止する薬剤を子宮内に注入してみたところ、ヒツジは流産を起こした。

ヒトの場合（ＨＥＲＶ）と同様に、内在性ＪＳＲＶが妊娠の維持に関わっていることが実験的に示されたわけである。[13]

今まさに内在化しつつあるコアラエイズウイルス

現在、オーストラリアのコアラの間でレトロウイルスの内在化が進んでおり、注目を集めている。ヒトでは数千万年前に起きたレトロウイルスの内在化のプロセスを、リアルタイムに追いかけることができる、きわめて貴重な事例である。

オーストラリアのコアラは、白血病にかかって、免疫力が低下して死亡するものが多い。一九八八年、まず電子顕微鏡で白血病のコアラの血液からレトロウイルスのような粒子が見つかり、一九九七年にレトロウイルスが分離された。このウイルスは、コアラレトロウイルスまたはコアラエイズウイルス*と呼ばれ、白血病の原因と考えられている。

二〇〇六年、オーストラリア・クイーンズランド大学獣医学部のレイチェル・ターリントンらは、コアラレトロウイルスの遺伝子がコアラの精子に組み込まれていることを発見し、内在性レトロウイルスであることを確認した。白血病を広げている外来性レトロウイルスだけでなく、内在性コアラレトロウイルスも存在していたのである。

＊　エイズ（ＡＩＤＳ）にならって、キッズ（ＫＩＤＳ）ウイルスとも呼ばれている。

オーストラリア北東端のクイーンズランド州では、ほぼ一〇〇%のコアラから内在性コアラレトロウイルスが見つかったが、南に下ってメルボルン近くのレイモンド島では、ウイルスゲノムを持つコアラは約三〇%であった。レイモンド島の西側に位置するカンガルー島のコアラの場合は、調べた個体のいずれからもウイルスのゲノムが見つからなかった[14]。カンガルー島のコアラは、一九〇〇年代初めに、毛皮の乱獲により絶滅寸前のところを隔離されたグループだったので、レトロウイルスの感染は起きていなかったのである。このことから、未知の野生動物からコアラがレトロウイルスに感染したのは過去二世紀の間で、それからレトロウイルスの内在化が始まったと推測されている。

ベルリンの野生動物研究所の研究チームは、オーストラリア、米国、カナダ、スウェーデンの博物館に保存されていたコアラの皮膚を集めて、コアラレトロウイルスのDNAの検出を試みた。その結果、一九世紀末にはオーストラリア北部のコアラにコアラレトロウイルスの感染が広がっていたことが明らかにされた[15]。

ブタの臓器をヒトへ――「異種移植」の最大の障害に挑む

臓器移植を必要とする患者の数は年々増加しており、ドナーの不足が大きな問題になっている。この根本的解決の手段として、生理機能、臓器の構造やサイズなど、多くの面でヒトに類似したブタの臓器を用いる「異種移植」が研究されている。

一九九〇年代に、拒絶反応を回避するための遺伝子を導入したクローンブタが作出され、その心臓がヒヒで長期間生着したことから、巨大製薬企業のノバルティス社は、移植用ブタの開発に一〇億ドルを投資することを決定して、本格的に異種移植に取り組みはじめた。臨床試験に向けて大きな問題になったのは、ブタが持っている微生物、とくに持続感染しているウイルスが持つ潜在的危険性だった。ヒトの体内にブタの臓器が生涯存在するという事態はこれまでになかったことである。本来はヒトに病気を起こさないブタのウイルスでも、どのような危害を加えることになるか予測できない。第二のエイズウイルスが生まれるかもしれないと危惧されたのである。

一九九六年から、筆者はノバルティス社が設立した異種移植安全諮問委員会で、欧米のウイルス専門家十数名とともに臨床試験に向けての安全対策を三年間にわたって検討した。ほとんどのブタ由来微生物の排除は技術的に可能と考えられたが、ブタ内在性レトロウイルス（porcine endogenous retrovirus：ＰＥＲＶ）については、具体的対策を立てることができなかった。ＰＥＲＶにはＡ、Ｂ、Ｃの三つのグループがあり、Ａ、Ｂグループのウイルスはヒトの細胞にも感染することが確かめられていた。[16][17]しかし、ＰＥＲＶは推定八〇〇万年以上前にブタのゲノムに組み込まれたもので、一〇〇箇所くらいの部位に存在している。これだけ多数のＰＥＲＶを除去する見通しはなかった。二〇〇〇年代初めに、ノバルティス社は撤退し、以降はクローン動物のベンチャーが開発を続けていた。

近年、この異種移植技術がふたたび注目を集めている。きっかけは、二〇一二年に発表された「ゲノム編集」と呼ばれる革新的な技術である。この技術により、ゲノムの特定の部位を、複数の遺伝子で同時に破壊することが可能になった。二〇一五年、ゲノム編集技術のパイオニアであるハーバード大学のジョージ・チャーチらは、まずPK15細胞というブタの腎臓細胞の六二箇所に存在していたPERVをゲノム編集技術によりすべて破壊できたことを確認した[18]。この細胞は、長年にわたって試験管内で継代されたことによりガン化しているため、実用化には適していない。そこで研究チームは、ブタの組織から直接培養した正常な細胞でゲノム編集技術によるPERVの除去を行い、その細胞をあらかじめ核を除去したブタの未受精卵に移植し培養することで発生初期の胚を作り出した。次に、この胚を仮親のブタの子宮に移植することにより子ブタが産まれた。この技術は体細胞核移植と呼ばれ、クローンヒツジのドリー作出の際に開発されたものである。こうして、一七頭の仮親から三七頭のPERVフリーの子ブタが生まれ、一五頭が成長している。二〇一七年八月の時点で、最年長の子ブタは四ヶ月令で健康に育っているという[19]。

技術面での最大のハードルを突破する見通しが出てきたことで、異種移植の開発は今後加速されるものと考えられる。

レトロウイルス以外のRNAウイルスも、ゲノムに潜伏しうる

ボルナ病ウイルスと呼ばれるRNAウイルスがある。二〇一〇年、大阪大学微生物病研究所の朝長啓造ら（現在は京都大学ウイルス・再生医科学研究所）は、このボルナ病ウイルスの遺伝子に類似した配列のDNAが、ヒトをはじめ、サル、齧歯類、ゾウなどのゲノムに組み込まれて子孫に受け継がれていることを発表した。ただし、ボルナ病ウイルスはレトロウイルスではないので、逆転写酵素を持

たないはずである。ボルナ病ウイルスの遺伝情報がＤＮＡに組み込まれた仕組みは、細胞の「レトロトランスポゾン」という遺伝因子が持つ逆転写酵素の働きによるものと推測されている。レトロトランスポゾンは、ウイルスの原始的形態や機能を備えた因子で、レトロウイルスの祖先と考えられているものである。

ボルナ病ウイルスは、少なくとも四〇〇〇万年以上前に、類人猿の共通祖先に感染を起こしてゲノムに組み込まれたと推定されている。[20][21]ボルナ病ウイルス類似の配列を組み込んだ細胞では、ボルナ病ウイルスの増殖が抑えられることから、内在性ボルナ病ウイルスは、ＪＳＲＶの場合と同様に、ボルナ病ウイルス感染を阻止してきた可能性が指摘されている。[22]

また、エボラウイルスも、レトロウイルスではないにも関わらず内在化しうることがわかっている。マールブルグウイルスとエボラウイルスは、フィロウイルス科に属するウイルスで、非常に致死率の高いマールブルグ病およびエボラ出血熱を起こす。両ウイルスは、共通の祖先ウイルスから一万年くらい前に分かれたと推定されている。

二〇一〇年、フィロウイルスの遺伝子に類似した配列が、メガネザル、コウモリ、オポッサム、ワラビーなどのゲノムに組み込まれていることが発表された。[23]両ウイルスとも、コウモリが自然宿主で、コウモリとは共存している一方、ヒトでは致死的感染を起こす。その違いは、コウモリでは内在性ウイルスが存在していて、コウモリの発病を阻止しているためなのかもしれない。

われわれは健康被害を及ぼす数多くのウイルスに曝されているが、その一方で、体内ではＨＥＲＶが染色体に組み込まれて潜んでいる。ＨＥＲＶの祖先と推測されるレトロトランスポゾンはヒトゲノムの三四％を占めており、ＨＥＲＶの九％と合わせると、レトロウイルスに関連した配列がわれわれのゲノムの半分近くになる。ウイルスは私たちの外敵であり、また私たち自身を構成する重要な要素でもある。そして、後者の内在性ウイルスの実態は、まだほとんどわかっていない。

逆転写酵素の論文発表の経緯

テミンは、セントラルドグマをくつがえす水谷の研究成果を、一九七〇年五月、テキサス州ヒューストンで開かれた国際ガン会議で発表した。論文として投稿した場合、すんなりと審査を通るかわからず、しかも実験は容易で数日で終わってしまうものだったため、論文の審査に時間がかかっている間にアイディアを盗まれるおそれがあった。そこで、まず学会で発表して、プライオリティを取ることを考えたのである。

講演が終わった際、会場は静まりかえっていた。あまりに衝撃的だったためだろう。事実、会議終了後の反響は大きく、「ネイチャー」誌はテミンに批判的な見解を掲載した。ところが、マサチューセッツ工科大学のデイヴィッド・ボルティモアが、マウス白血病ウイルスでテミンと同じようにＲＮＡからＤＮＡが作られることを発見していたことが明らかになり、テミンの評価は逆転した。

ボルティモアは、テミンの学会報告を知り、ただちに「ネイチャー」誌に論文を投稿した。彼は、カリフォルニア工科大学のレナート・ダルベッコの研究室に在室していた際のテミンの兄弟子で、論文投稿のことをテミンに電話で伝えた。そこで、テミンも急いで論文をまとめて「ネイチャー」誌に送り、さらにテミンの同僚がネイチャー編集部に電話をかけ、二人の論文が同時掲載されるように働きかけた。

二本の論文、「RNA腫瘍ウイルスの粒子中のRNA依存DNA合成酵素」と「ラウス肉腫ウイルスの粒子中のRNA依存DNA合成酵素」は、一九七〇年六月二七日号に掲載された。なおテミンの論文は、投稿時は著者が「水谷、テミン」の順番だったものを、「ネイチャー」編集部が、プロウイルス説の証明に重要な論文という理由で「テミン、水谷」と勝手に逆転させていた。主体的役割を果たした研究者の名前を先に書くのが普通だったので、水谷によれば、テミンは自分が順序を変えたと思われるのではないかと非常に気にしていたという。

二つの論文の内容は、表題からもわかる通り非常によく似ていた。異なっているのは、用いたウイルスが違うことと、界面活性剤を使うか使わないかだけだった。それは、ボルティモアは凍結したウイルスを用いていたため、融解した際にすでにウイルス粒子は壊れていたが、テミンは新鮮なウイルスを用いたため、界面活性剤でウイルスを溶かさなければならなかったという違いだった。[2][24]

第6章　破壊者は守護者でもある

ウイルスは、三〇億年もの時を生物とともに生きてきた。その過程で、ある時は宿主に特殊な生存力を与え、またときには宿主の隠れた共犯者としてほかの生物の攻撃に加わるといった、さまざまな役割を担うようになった。明らかになりつつある、自然界でのウイルスの生態の一端を紹介したい。

〝光合成する動物〟を創造

カナダから米国フロリダにかけての大西洋岸の海に、体長二〜三センチメートルの木の葉の形をしたエリシア・クロロティカと呼ばれるウミウシの仲間が生息している。エリシア・クロロティカは軟体動物だが、植物のように太陽光を利用し光合成で生きている。実験室の人工海水中では、餌がなくても水と炭酸ガスだけで九ヶ月生きていたという。

エリシア・クロロティカは雌雄同体で、毎年春に産卵し、そのすぐ後にすべての成体が死亡する。

一週間あまりで卵が孵ると、幼生は二、三週間プランクトンの周りで過ごし、黄緑藻の一種フシナシミドロを見つけて、それに付着する。幼生は、フシナシミドロの枝に付着したまま若いウミウシに変態する。そして、フシナシミドロを食べ続けて成長し、冬になると活動しなくなる。春がきて暖かくなるとふたたび活動を始め、産卵したあと、一斉に死ぬ。五月に卵が孵化するまでに、成体はすべていなくなる。そのライフサイクルは約一〇ヶ月と一定している。

エリシア・クロロティカの餌はフシナシミドロだけで、これを食べると身体が緑色になる。フシナシミドロの葉緑体だけが、消化されずに消化管のくぼみに沿った上皮の中の特殊な細胞に取り込まれるためだ。葉緑体は、植物の葉の細胞中に存在する器官で、太陽光により化学反応を起こして植物の生存を支えている。この葉緑体が光合成を行ってウミウシに生きるためのエネルギーを供給している。ソーラーシステムで生きている動物ということになる。*

ここで一つ疑問が生じる。葉緑体の代謝に必要なタンパク質の九〇%はフシナシミドロの核の遺伝子から産生されている。つまり、葉緑体を取り込むだけでは光合成は行えないのである。エリシア・クロロティカの体内に取り込まれた葉緑体が、どのようにしてエネルギーを産生しているのかが問題になった。

南フロリダ大学のシドニー・ピアースらは、フシナシミドロの種々のタンパク質をコードするDNAのいくつかが、エリシア・クロロティカの成体だけでなく、幼生のゲノムに存在することを発見した。しかもRNAに転写されていることから、実際に異種（フシナシミドロ）のタンパク質を産生していると推測された。また、これらのＤＮＡの配列は、フシナシミドロのものとほとんど同一だった。これらの事実から、ピアースらは、あまり遠くない昔、フシナシミドロのＤＮＡがウミウシの染色体に取り込まれて、親から子に受け継がれるようになったと提唱した。かつて水平移動した植物の遺伝子が、動物の体内でソーラーシステムを動かしているというアイディアである。[1][2]

ところが、ラトガース大学のメリー・ランフォーラがウミウシの卵のゲノムを調べたところ、フシナシミドロのＤＮＡは検出されなかった。卵になければＤＮＡは受け継がれない。遺伝子の水平移動は起きていないという結果になったのである。[3]

ウミウシのソーラーシステムを動かすＤＮＡが遺伝的に受け継がれたものか、それともウミウシの体内でフシナシミドロから受け取っているのか、議論が続いている。そして今、この謎を解く可能性があるものとして、ウミウシに寄生する内在性レトロウイルスの役割が注目されている。

このウイルスは、一九九九年、ピアースらが死にかけているウミウシを電子顕微鏡で観察していた際、消化管の細胞と血液細胞でウイルス粒子として発見された。そして二〇一六年には、これが新しい内在性レトロウイルスであることが明らかになった。[4][5] もしかしたら、このレトロウイルスの逆転写

＊　ウミウシが植物の葉緑体を保持している現象は、一九六五年に岡山大学の川口四郎が岡山の海岸で採取したウミウシで最初に発見したもので、葉緑体を盗んでいるように見えることから、盗葉緑体（クレプトクロロプラスト）と名付けられている。クレプトはギリシア語で「盗む」、クロロプラストは「葉緑体」という意味である。

酵素により、餌のフシナシミドロのRNAがDNAに転写され、ウミウシの細胞核に取り込まれて、ソーラーシステムを動かしているのかもしれない。

ウミウシのソーラーシステムの仕組みをめぐる謎に加えて、さらに面白いのは、この内在性レトロウイルスが、ウミウシのライフサイクルのほとんどの期間を体内で眠って過ごし、ウミウシの死が近づくと増殖しはじめることである。それまでおとなしかったウイルスが、突然、残忍な性格をあらわにしてウミウシを殺しているのかもしれないし、あるいは、単に寿命が近づいたウミウシの免疫能力が低下したために、ウイルスが増殖しはじめるのかもしれない。今のところ、どちらが正しいかはわかっていない。

「体内で眠っているウイルスが突然増えはじめて宿主を殺す」という前者の在り方を、医師で進化生物学者でもあるフランク・ライアンは「攻撃的共生」と名付けて、著書 *Virolution*（『破壊する創造者』夏目大訳、早川書房、二〇一一年）で紹介している。文化人類学者の上橋菜穂子は、このエピソードを読んで、「体内に入ってしまったウイルスによって徐々に変化していく男のイメージ」を得て、壮大なファンタジー『鹿の王』（角川書店、二〇一四年、二〇一五年本屋大賞受賞作）を執筆したと述べている。ウイルスの共生のストーリーは、文学的想像をかきたてる何かを包含しているようだ。

隠れた共犯者

チャールズ・ダーウィンは、一八六〇年、友人のエイサ・グレイ宛ての手紙で、自然のもっとも残酷な例としてヒメバチの生態をあげ、「私は、慈愛深く万能の神が、生きたイモムシの身体の中身を餌にさせることをはっきり意図して、ヒメバチを創造されたことに納得できません」と書いた[6]。

ヒメバチは寄生バチの一種で、チョウやガの幼虫（イモムシ）に卵を産み付ける。孵化したハチの幼虫は、イモムシの体内で、まず脂肪体、ついでイモムシが生きるのに重要ではない器官を餌とし、十分に発育すると、重要な器官を食べ、皮を食い破って外界に這い出る。ヒメバチのこのライフサイクルは、映画「エイリアン」で、宇宙生物エイリアンが卵をヒトに産み付け、エイリアンがヒトの胸を突き破って飛び出してくるストーリーのヒントになった。

ハチ類は記録されている種だけでも二〇万種を超えており、昆虫の中でももっとも種類が多い。化石から、もっとも古い寄生バチは一億四〇〇〇万年前に存在していたことがわかっている。ヒメバチはハチの中でももっとも種類が多く、二万四〇〇〇種以上が記録されていて、実際は六万ないし一〇万種が生息すると推定されている。同じく寄生バチのコマユバチは、記録されているものが一万七〇〇〇種、実際には三万ないし五万種が生息していると推測されている。

この共生関係に、ウイルスが一枚かんでいることがわかっている。まず、一九六〇年代後半から一九七〇年代にかけて、寄生バチの肥大した輸卵管にウイルス粒子が見つかった。一九八一年には、雌バチの卵巣にウイルスのＤＮＡが散在していることが確認され、一九八四年にポリドナウイルスと命名された。この名前は、ウイルスＤＮＡが環状で、数多くの分節からなることに由来している。

不思議なことに、ポリドナウイルス粒子のＤＮＡには、粒子の形成に必要な、ＲＮＡ合成酵素、カ

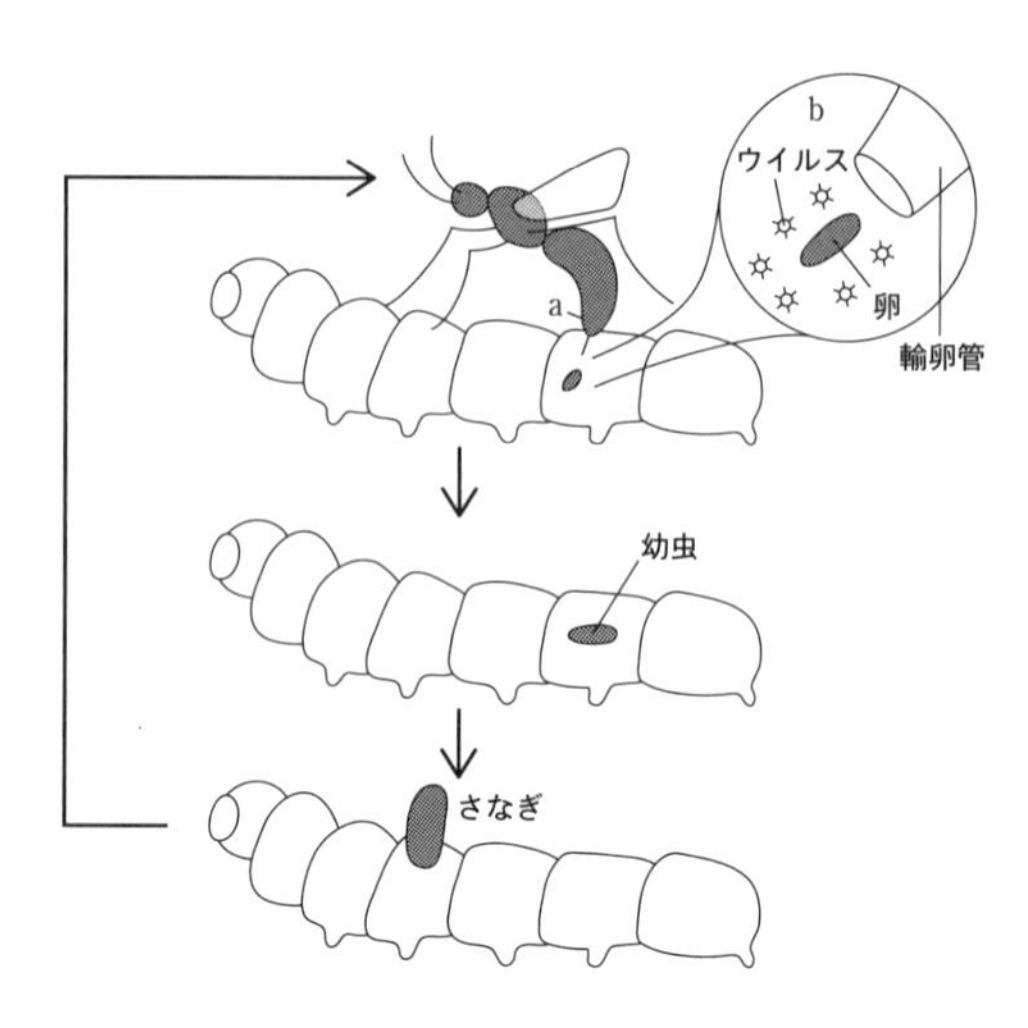

① 産卵
ウイルスは、卵を含む、ハチの体細胞のゲノムにプロウイルスとして存在する。その内、カリックス細胞でのみウイルス粒子が合成される（a）。イモムシに産卵する際、卵の中のプロウイルスとウイルス粒子が卵とともに送り込まれる（b）

② 幼虫の成長
ウイルスはプロウイルスとしてゲノム中に存在する。ウイルスの複製は起こらない。ただし、ウイルス DNA の一部から、幼虫の発育を助けるタンパク質が作られる

③ さなぎ
ウイルスはプロウイルスとしてゲノム中に存在する。発育が進むと、卵巣のカリックス細胞でのみウイルス粒子が合成される。羽化し、成虫が誕生する

図7 ポリドナウイルスのライフサイクル

プシドタンパク質、エンベロープタンパク質などの遺伝子が含まれていない。どのようにしてウイルスが増殖するのかは大きな謎であった。ポリドナウイルスは本当にウイルスなのかという疑問すら提示されていた。

二〇〇九年、フランソワ・ラブレー大学（フランス）のジャン＝ミシェル・ドゥレーゼンのチームが、コマユバチのサナギの卵巣にポリドナウイルスの粒子形成に必要な遺伝子が発現していることを発見したことで、問題は解決した。粒子形成のための遺伝子は、ハチのゲノムの中に含まれていたのである。

ポリドナウイルスのライフサイクルは非常に変わっている（**図7**）。ウイルスは、プロウイルスとしてハチの卵に組み込まれて子に伝えられる。そして、ウイルス粒子が雌の卵巣と輸卵管の間のカリックス（聖餐杯）と呼

ばれる上皮細胞の核内でのみ複製され、輸卵管の中に放出される。ほかの体細胞では、プロウイルスが組み込まれているものの、ウイルスの複製は起こらない。雌のハチがイモムシに卵を産み付ける際に、ウイルス粒子も注入される。

卵と共に注入されたポリドナウイルスは、その後、ハチの発育を支え続ける。本来なら、異物であるハチの卵がイモムシの体内に入ってくると、イモムシの自己防衛機能により、血液中の血球（ヒトの白血球に相当）がハチの卵を取り囲んで殺すはずである。しかし、ポリドナウイルスのＤＮＡには免疫抑制遺伝子が含まれていて、感染後にこの遺伝子から産生されるタンパク質がイモムシの免疫細胞を麻痺させてしまい、ハチの卵を殺すのを阻止する。また、イモムシにハチの幼虫の餌となる糖を産生させ、さらにイモムシの内分泌系を乱して、イモムシがチョウやガに変態するのを阻止する。こうして、ハチの幼虫が育ちやすい環境を手厚く整えるのである[7][8]。

コマユバチにポリドナウイルスが共生するようになったのは、約七四〇〇万年前と推定されている。膨大な年月の間に自然選択が繰り返され、この複雑な共生関係が生まれてきたと考えられている[9]。

ポリドナウイルスは、ハチにとっては幼虫の生存を支える頼もしい共犯者である。ハチが生存すれば、ウイルスも存続でき、ハチとウイルスの双方にとって利益がある。一方で、イモムシにとっては恐ろしい病原体となる。もしもダーウィンが生きていたら、ハチ、ポリドナウイルス、イモムシの、この不思議な関係を何と言うだろうか。

殺虫剤から害虫を守る

ウイルスが宿主の守護者になっている例はほかにもある。

アメリカタバコガは、ダイズ、ワタ、トウモロコシなどの作物を食い荒らす害虫で、外来性生物として、アジア、アフリカ、ヨーロッパ、オーストラリアなどで広がっている。作物をこの害虫から守るために、バチルス・チューリンゲンシス（Ｂｔ）という細菌の結晶性毒素の遺伝子を導入した組換え作物が世界中で栽培されている。たとえば中国では、一九九〇年代にＢｔ綿を導入したことでアメリカタバコガによる被害は激減した。ところが、最近Ｂｔ抵抗性のガが増えはじめている。

中国農業科学院の研究グループは、アメリカタバコガからデンソウイルスの一種を分離し、ＨａＤＮＶ－１と名付けた。二〇〇八年から二〇一二年にかけての調査では、アメリカタバコガの七〇％近くがこのウイルスに感染していた。デンソウイルスは主にガの脂肪体に集まっていて、親から子に垂直感染している。このウイルスに感染した個体は、成長が早く、産卵数も多い。そして、実験室でＢｔ毒素を含む餌を与えてみると、このウイルスを持っているガの幼虫は、ウイルスに感染していない幼虫と比べて、Ｂｔ毒素に抵抗性を示していた。

これらの事実から、デンソウイルスの共生は、宿主のガを生物農薬による防除から守っていると考えられている。[10]

灼熱の不毛地帯で生きる力を与える

米国のイエローストーン国立公園の地熱地帯では、土壌の温度は一年を通じて二〇℃から五〇℃と高く、ほとんど植物が生えていない。そのような環境で、例外的にイネ科キビ属のパニックグラスだけが育っている。パニックグラスの根には、クルヴラリア・プロトゥベラータというカビが寄生している。種を消毒してカビを除去すると、パニックグラスは五〇℃でしおれてしまうが、カビが寄生している株は、六五℃まで加熱しても育つ。このことから、このカビが耐熱性を与えていると考えられていた。[11]

二〇〇七年、このカビに共生するウイルスが報告され、クルヴラリア耐熱ウイルス（ＣＴｈＴＶ）と命名された。ほとんどのカビのウイルスは二本鎖ＲＮＡウイルスであり、またカビ自体には高分子の二本鎖ＲＮＡは存在しないことから、クルヴラリア・プロトゥベラータの細胞で二本鎖ＲＮＡに狙いを絞って調べた結果、このウイルスが見つかったのである。

種子に乾燥と凍結融解を繰り返すことでウイルス粒子を破壊して、カビは残しつつウイルス・フリーにして育てたところ、そのパニックグラスは耐熱性を失っていた。そこで、ウイルス・フリーの種にふたたびウイルスを接種すると、パニックグラスは耐熱性を取り戻していた。

つまり、パニックグラスに耐熱性を与えていたのは、カビではなく、カビに寄生するウイルスであった。植物・カビ・ウイルスの三者の共生が、不毛の地で生きることを可能にしていたのである。[12]

経済バブルの黒幕

一七世紀を歴史家や哲学者は理性の時代と呼んでいる。皮肉なことに、この時代のオランダでは、希少なチューリップに熱狂した人々により、史上初の経済バブルが引き起こされた。

チューリップはトルコが原産で、オランダには一五九〇年代に持ち込まれた。オランダ・ライデン大学の植物学教授のカロルス・クルシウスは、チューリップを科学的に分類しながら、薬草としての有用性について研究していた。彼のコレクションの中には、赤、黄、紫、白などの斑が縞模様になった花があった。そのようなチューリップは珍しかったため、人から求められることがあったが、彼は売ろうとしなかった。その結果、しばしば盗難被害にあった。嫌気がさしたクルシウスが残った球根を友人に与えた結果、彼のコレクションは野放しになってオランダ中に広がった。

どの球根から縞模様が出るかは予測できなかったため、縞模様のチューリップは貴重なものとなった。それを手に入れるには、縞模様が出る保証がないまま、数ヶ月前に球根を購入しなければならなかった。市場での価格も予知できないため、球根への投資はギャンブルであった。チューリップ・マニアは一六三四年から三七年にかけてピークに達し、縞模様が出ると期待されたチューリップの球根の中には、一個に三〇〇〇ギルダーという値がつくものまで出てきた*。三〇〇〇枚の金貨には、約三二キロの金が含まれているので、現在の価格に換算すると一億円を超す[13]。

一九二八年、縞模様のチューリップは園芸の領域からウイルス学の領域に入り込んだ。英国のカビ研究者で遺伝学会創立者の一人だったドロシー・ケイリーにより、この変化は遺伝ではなく、タバコモザイク病と同様にウイルスによることが明らかにされたのである。自然界では、アブラムシがこのウイルスを媒介していた。[14] そして縞模様は、チューリップの花弁へのアントシアニン色素の蓄積がウイルスによって阻止されるために生じていた。[15] 病原体は、現在はチューリップモザイクウイルスと呼ばれている。

チューリップはウイルスの存在によって何か恩恵を受けているわけではないため、真の共生関係とは言えない。しかし、その症状の美しさから人々が競って買い求め、いたるところにウイルスに感染した植物を広めたという意味では、共生の一例と言えるかもしれない。その場合、この共生関係にはヒトが介在していたとも言えるだろう。

チューリップ・バブルはレンブラントの時代だったため、縞模様のチューリップはレンブラント系と呼ばれている。ただし、このチューリップを描いたレンブラントの絵は見つかっていない。また、現在のレンブラント系と呼ばれるチューリップの縞模様は、ウイルスによってではなく、突然変異により生まれたものである。

宿主の近縁種に牙をむいたウイルス

コウモリと平和共存しているエボラウイルスがヒトに対しては致死的感染を起こすように、ウイル

＊　当時の金貨には金が一〇・六一グラム、銀が〇・九グラム含まれていた。なお、ギルダーはゴールドに由来する。

スが本来の宿主ではない動物種に出会うと重い病気を起こす例は数多い。リスパラポックスウイルスの場合は、近縁の動物の間で同様の事態が起きている珍しい例である。

アカリスは英国の森に棲む動物の中でもっとも愛されているものの一つである。世界中の人々に愛されているピーター・ラビットの『りすのナトキンのおはなし』（ビアトリクス・ポター著、石井桃子訳、福音館書店、二〇〇二年）にも、お調子者として登場する。このアカリスの数は、一八七〇年代に領地を飾り立てるために米国からハイイロリスが持ち込まれて以来、激減してきた。生息数は、約三五〇万匹から約一二万ないし一六万匹になり、その八五％はスコットランドに生息している。また、イングランド、ウェールズ、北アイルランドでは、準絶滅危惧種に指定されている。一方、ハイイロリスの数は二五〇〇万匹を超えていると推測されている。

ハイイロリスの体はアカリスの約二倍と大きいため、当初はアカリスが餌の取り合いで負けていると考えられていた。しかし二〇世紀後半、アカリスの間で高い致死率の病気が流行していることに注目が集まった。出血性の潰瘍が眼、鼻、唇の周囲の皮膚に現れ、胸からそけい部、脚へと広がっていたのである。一九八一年、電子顕微鏡観察によりまぶたのかさぶたからウイルス粒子が発見され、ウシやヒツジに感染しているパラポックスウイルスの一種と推測された。その後、ウイルスが分離され、新しいウイルスとわかり、リスパラポックスウイルスと命名された[16]。

ハイイロリスが持ち込まれるまで、このような病気は起きていなかった。そこで見たところ健康なハイイロリスを調べたところ、二二三匹のうち、六一％にリスパラポックスウイルスの抗体が検出された。これに対して、一四〇匹のアカリスでは三・二%だけが抗体陽性で、死亡もしくは死にかけていた。また、抗体陽性のハイイロリスが生息する地域では、抗体陰性の地域よりも二〇倍の速度でアカリスの数が減少していた。野外で死んでいたアカリスの皮膚の乳剤を接種してみると、ハイイロリスは健康なままだったが、アカリスでは重い症状が出現した[17]。

これらの報告から、ハイイロリスに無症状感染を起こしているリスパラポックスウイルスが、近縁種であるアカリスの減少の大きな要因になっている可能性が考えられている。

エイズの発症を抑制？

最近、ヒトと共生しているウイルスがヒト免疫不全ウイルス（HIV）によるエイズ発症を抑えている可能性が注目されている。それはGBウイルスC型（GBV－C）または、G型肝炎ウイルスと呼ばれるウイルスである。名前が二つあるのは、異なる経緯で発見され、それぞれ命名された後に、同じウイルスだとわかったためだ（章末コラム参照）。

GBV－Cは世界中に広がっていて、性行為、輸血、血液製剤など、さまざまな経路で伝播されていると推測されている。血液では約二%にGBV－Cが含まれているとの推定もある。しかし、肝機能に異常は見られず、病気を起こしている所見はこれまで見つかっていない。またG型肝炎という病気も確認できていない。

一九九八年、名古屋大学内科の豊田秀徳らは、HIVに感染した血友病患者のうち、GBV－Cにも感染していた患者の場合は、血液中のＨＩＶの量が低く、エイズから死亡へと進行する速度がＧＢＶ－Ｃ陰性の場合よりも遅い傾向が見られたことを報告した。これがきっかけとなって、ＧＢＶ－ＣがＨＩＶ感染を抑制している可能性を探る研究が盛んに行われるようになった。[18]

二〇〇四年には、米国で約六〇〇名のＨＩＶ感染者についてＧＢＶ－Ｃの影響を解析した結果が報告された。それによると、ＨＩＶに感染した時にＧＢＶ－Ｃに持続感染していたヒトの、五、六年以内の死亡数は、ＧＢＶ－Ｃ陰性だったヒトの約三分の一だった。その後もＧＢＶ－Ｃに感染している場合はＨＩＶの予後が良いという報告が相次いでいる。[19]

ＧＢＶ－ＣはＨＩＶと同じリンパ球に感染する。その際にＨＩＶが細胞に侵入するのに必要な細胞表面の受容体を変化させることにより、ＨＩＶの増殖を阻止していると推測されている。ＨＩＶ感染リスクの高い人たちへのワクチンとしてＧＢＶ－Ｃを利用することも提案されている。[20]

われわれは、二〇世紀を通じて、ヒト自身や、家畜や作物といったわれわれの生活と密接な関係のある生物に病気を起こすウイルスに関心を抱いてきた。しかし、自然界を広く見渡すと、ウイルスの生態には想像を超えた複雑かつ巧妙なものが存在する。これまでのようなヒト中心の視点からではなく、ウイルスの視点から自然界を眺めることで、新たにウイルスと生物の間の複雑な関係が見えてくるだろう。

GBV－C命名の経緯

二つの名前を持つことになったこのウイルスの発見の過程は、A型肝炎ウイルスの探索と深く関わっている。その経緯を眺めてみたい。

肝炎の歴史は古く、紀元前五世紀には、ヒポクラテスによって黄疸の流行が記録されている。ヨーロッパでは、肝炎はコレラとペストについで三番目に大きな流行を起こしてきた。米国の南北戦争では七万人を超す患者を出し、伝染性肝炎と呼ばれていた。

第二次世界大戦中の一九四二年、三万人近い米軍兵士が半年の間に肝炎になった。この原因として、黄熱ワクチンの接種が疑われ、調査の結果、ワクチンの副作用を軽減するために一緒に接種していた、黄熱から回復したヒトの血清が原因ということが明らかにされた。すでに知られていた、輸血の後に起きる血清肝炎と同じものだった。伝染性肝炎にかかっていても血清肝炎にかかることがわかり、一九五二年、世界保健機関（WHO）のウイルス肝炎専門家会議は、伝染性肝炎をA型、血清肝炎をB型と命名した。[21]

その後、B型肝炎ウイルスは一九六五年に発見された。翌年、シカゴのプレスビテリアン病院のフリードリヒ・ダインハルトは、A型肝炎と診断された外科医ジョージ・バーカーの血清を南米産小型サルであるマーモセットに接種して、肝炎を起こすウイルスを分離した。彼はこれがA型肝炎の原因と考え、患者の頭文字をとって、GBウイルスと命名した。

A型肝炎ウイルス発見の反響は大きかった。しかし、まもなく、これはマーモセットが元々持っていたウイルスであることが明らかになった。一九九五年、マーモセットには二種類のGBウイルスが存在することが分かり、AとBに分けられた。さらに、西アフリカの一人の肝炎患者からGBウイルスと共通の遺伝子配列のウイルスが分離され、GBウイルスCと命名された。

同じ頃、一人の慢性肝炎の患者からウイルスが分離され、それまでにAからFまでの肝炎ウイルス[*]が見つかっていたため、G型肝炎ウイルスと呼ばれるようになった。このウイルスは、GBウイルスCと遺伝子構造が同じで、同一のウイルスと考えられている。このような経緯で、一つのウイルスが二つの名前を持つようになったのである。[22]

GBV-Cは、C型肝炎ウイルスと同じフラビウイルス科に分類されている。A型肝炎ウイルスは、一九七三年に分離され、ポリオウイルスなどと同じピコルナウイルス科に分類されている。

＊ その後、F型肝炎ウイルスは追試で確認されなかったため、肝炎ウイルスのリストから削除されている。

第7章　常識をくつがえしたウイルスたち

ウイルスは非常に熱に弱く、六〇℃の環境では数秒で死滅する（第1章）。これは、ウイルスを消毒する際など、ウイルス感染防止対策においてとくに重要な特徴である。また、ウイルスは細菌フィルターを通過する微生物として発見されたため、細菌よりもはるかに小さいと考えられてきた（第2章）。この特徴は長らくウイルスかどうかを判定するための基準であり、事実上の定義でもあった。

しかし、二〇世紀終わりに、熱湯中で増殖するアーキアウイルスが発見された。二一世紀に入ってからは、細菌フィルターで捕捉できる巨大ウイルスが次々に見つかっている。これまでの常識をくつがえしたこの二つのウイルス群の出現は、ウイルス学に対する新たな挑戦となっている。

〝死の世界〟の豊かなウイルス生態系

超好熱菌の歴史は古く、また新しくもある。一八九七年、植物学者ブラッドリー・デイヴィスが、米国イエローストーン国立公園の八〇℃の温泉に〝植物〟が生育していることを「サイエンス」誌に発表した。彼が発見したのは今で言うところの細菌だったのだが、当時、細菌は植物に分類されていた。また、一九〇三年には、微生物学者ウィリアム・セッチェルが八九℃の高温で増殖している細菌を観察している。しかし、その後、彼らの観察は忘れ去られた。

約七〇年後、微生物学者トーマス・ブロックは、イエローストーン国立公園の八五℃の温泉で増殖している微生物を分離し、スルフォロブス・アシドカルダリウス（Sulfolobus acidocaldarius）と命名した。これが超好熱菌研究の幕開けとなった。この名前は「葉っぱのような（lobe）形で、硫黄（sulfur）を含む高温（caldus）の酸性（acid）の環境に棲む」という意味である。ブロックは、今では超好熱菌の父と呼ばれている。

第4章で述べたように、超好熱菌は、ヴォルフラム・ジリッヒの研究がもとになってアーキアという新しい生物ドメインに分類されている。この突如出現した新しい生物群にも、ウイルスが存在するのだろうか。超好熱菌が生きているのは、ウイルスならばすぐに死ぬはずの高温環境である。

アーキアがまだ古細菌と呼ばれ細菌の仲間とみなされていた時代、ジリッヒは、古細菌にもファージが存在すると考えていた。そして、一九八三年、別府温泉の超好熱菌からスルフォロブス・シバタエ1ウイルス（SSV1）を分離し、八〇℃前後の温度で初めて培養することに成功した。* これは、フセロウイルス科に分類されており、アーキアウイルスの代表種になっている[1]。

これをきっかけに、多様なアーキアウイルスが次々に分離されはじめた。たとえば、棒状のウイルス（スルフォロブス・アイランディクス棒状ウイルス、Sulforobus islandicus rod-shaped virus：ＳＩＲＶ）、正二〇面体で表面に銃座のような突起がいくつも出ているウイルス（銃座付き正二〇面体スルフォロブス・ウイルス、Sulforobus turreted icosahedral virus：ＳＴＩＶ）などがある。

きわめつけは、「アーキアウイルスの王」とも呼ばれる研究者、デイヴィッド・プランギシュビリが発見した変形するウイルス、アシディアヌス・テール・ウイルス（Acidianus tailed virus：ＡＴＶ）である。これは、レモンのような形をしているが、八五℃の環境下で細胞外に放出されると、両端に長い尻尾が伸び、レモンの部分は約半分に縮まる。実験的には、七五℃以上であれば、蒸留水の中でも尻尾が伸びる。また、尻尾の有無に関係なく感染性を示す。(2) ウイルスは細胞の外では単なる粒子である。そのため、細胞の外で姿を変えるこのようなウイルスの存在はまったく予想されていなかった。このウイルスのために、のちにビカウダ（bicauda, 二つの尻尾）ウイルス科が設けられた（**図8**）。

これまでに、約一〇〇種のアーキアウイルスが分離されている。各ウイルス粒子の形は、頭と尻尾のあるもの、正二〇面体、紡錘形、瓶の形、バチルス菌の形、球形、水滴様、線形などさまざまである（**図9**）。これらを、国際ウイルス分類委員会は一五のウイルス科に分類している。一方、細菌のファージは六〇〇〇種以上が見つかっているが、その九五％以上は頭と尻尾を持つウイルスで占めら

＊　ジリッヒは、一九七四年、好塩菌からタバコモザイクウイルスのようなフィラメント状のウイルスを分離している。これが最初のアーキアウイルスであるが、培養条件が見つからなかったために失われてしまった。

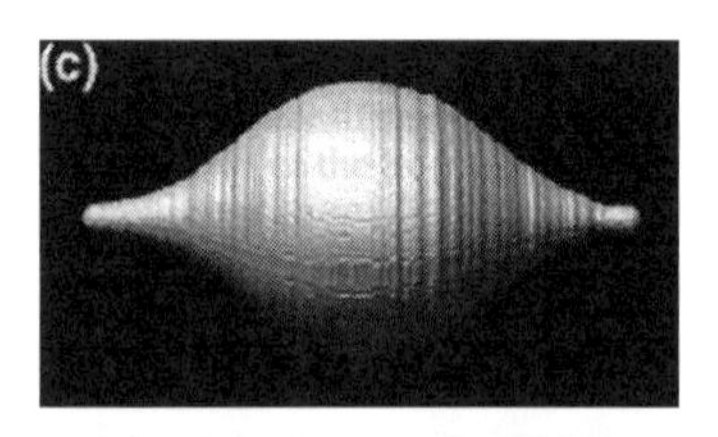

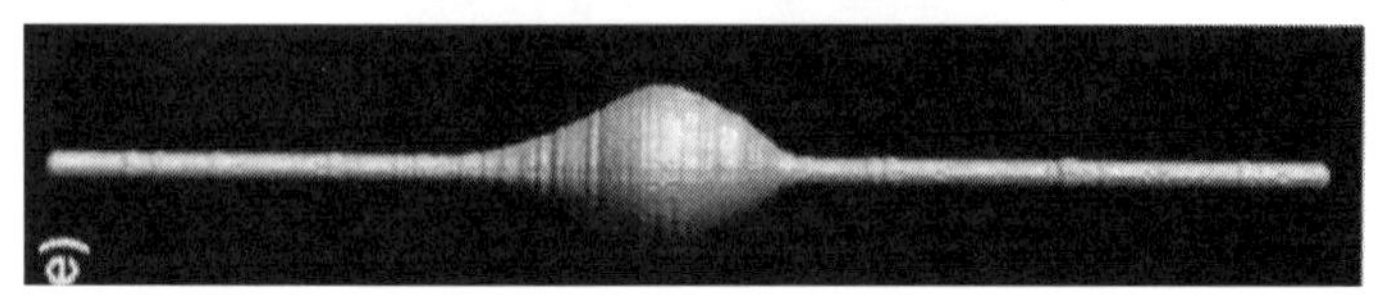

図 8 クライオ電子顕微鏡像の 3D モデル
尻尾のないウイルス粒子（上）、尻尾が伸びたウイルス粒子（下）
（註［2］より引用）

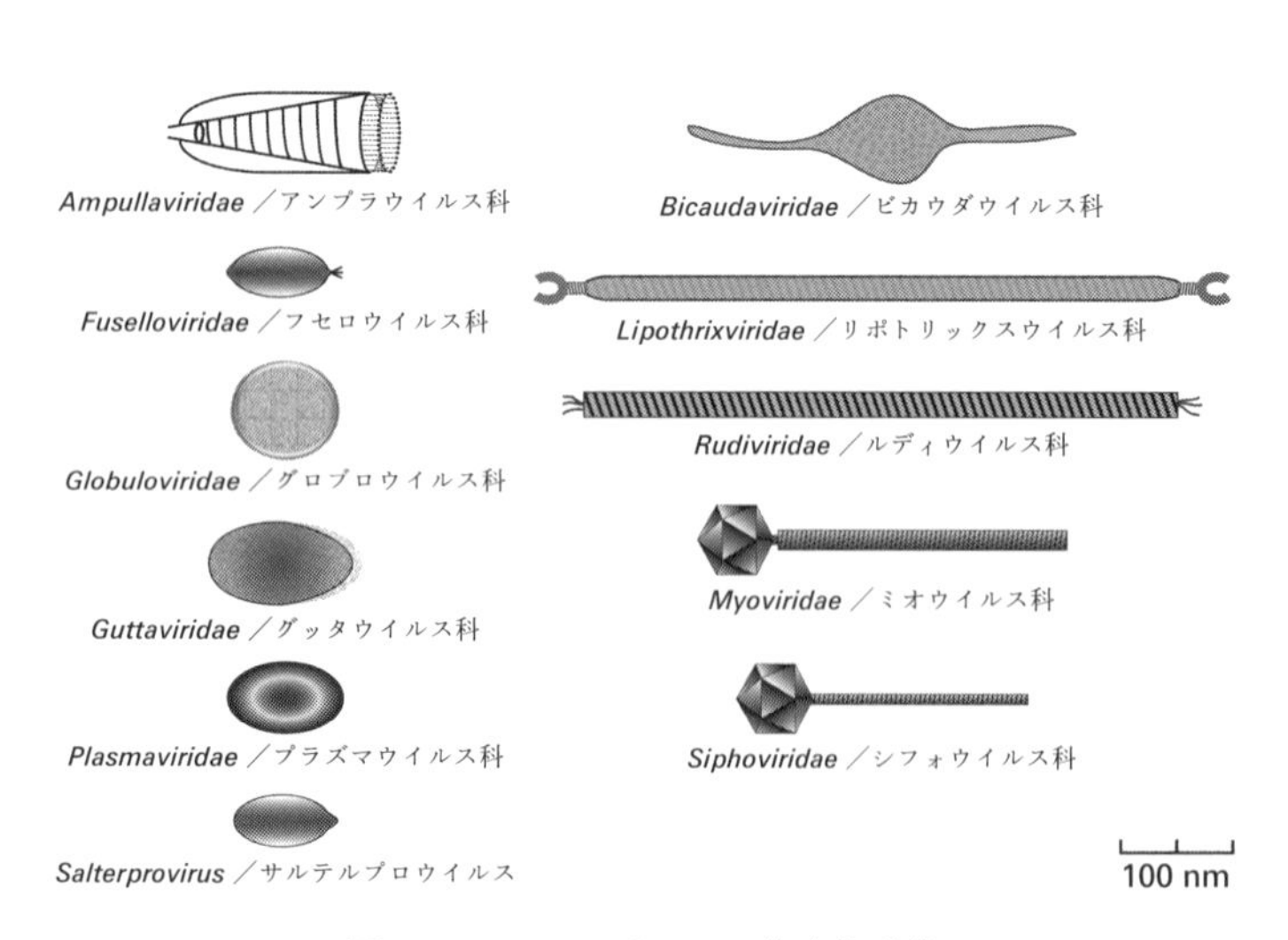

図 9 アーキアウイルスの代表的形態
（International Committee on Taxonomy of Viruses（ICTV）：
Virus Taxonomy Ninth Report. 2011. を一部改変）

れている。そして全部で一〇のウイルス科に分けられているにすぎない。アーキアウイルスがきわめて多様性に富んでいることがわかるだろう。[3]

極限環境に耐える異形のDNA

アーキアは極限環境（高熱、強酸性、高塩濃度）で生きており、それらに感染しているアーキアウイルスも同じ環境で生きている。実験で培養する際の温度も八〇℃と熱湯に近い。普通の生物がすべて死に絶える環境で、アーキアウイルスはどのようにして生きているのだろうか。近年、アーキアウイルスは極限環境に耐えうる独特な生体分子からなり、堅牢な増殖手段を持っていることが明らかになりつつある。

スルフォロブス・アイランディクスは八〇℃、pH三・〇で生きているアーキアである。一九九九年、イエローストーン国立公園でこのアーキアからウイルスが分離され、スルフォロブス・アイランディクス棒状ウイルス２（ＳＩＲＶ２）と命名、ルディウイルス科に分類された。このＳＩＲＶ２を超低温で急速に凍結して、氷の中に閉じ込めたままクライオ電子顕微鏡で観察し、コンピューターモデルを構築した結果が二〇一五年に報告された。

このウイルスの立体構造は、これまでのウイルスにはないものだった。まず、裸のカプシドタンパク質がらせん状の二本鎖ＤＮＡの周囲をびっしりと取り巻いていた。ＤＮＡのらせん構造にはＡ型とＢ型があり、普通はＢ型だが、このウイルスのＤＮＡはＡ型であった。Ａ型はＢ型ＤＮＡを脱水した

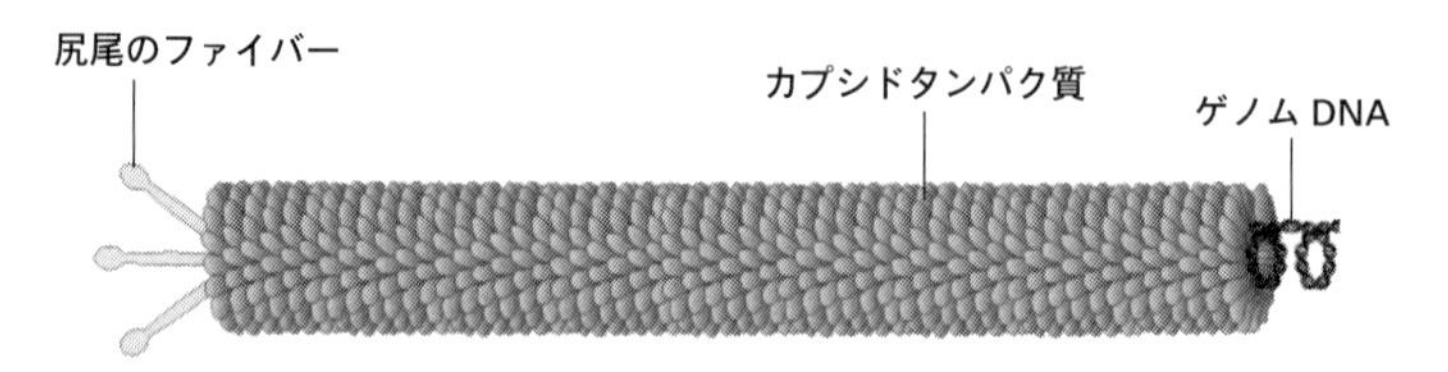

図10 SIRV2の立体構造
(Swiss Institute of Bioinformatics [http://viralzone.expasy.org] より引用)

際に見られるものである。自然界でA型が見つかっている例に、バチルス属(炭疽菌や納豆菌が含まれる)など一部の細菌の芽胞がある。通常の増殖型のバチルスはDNAがB型だが、栄養状態や温度環境が悪化すると芽胞となり、DNAがA型に変わる。そして休眠し、頑強に何年も生き続ける。SIRV2は、おそらくカプシドタンパク質が結合することで、ウイルスDNAがA型に変わって安定化していると考えられている[4]。

また、このウイルス粒子の両端からそれぞれ三本の細長い棒のようなファイバーが出ており、これがアーキアの細胞に結合すると推測されている(**図10**)。電子顕微鏡の観察によれば、一分以内に、ほとんどのウイルスが宿主細胞の表面に多数存在する線毛にしっかりと結合していた。SIRV2は、極限環境に短時間曝されるだけで、細胞内にすぐに侵入しているようだ[5]。

ほかのタイプのアーキアウイルスも、SIRV2のような独特な構造を持っているのだろうか。被膜(エンベロープ)を持つウイルスは、SIRV2のようなエンベロープを持たないウイルスよりも構造が複雑なため、極限環境での生存の仕組みについてほとんど研究されてこなかった。二〇一七年、イエローストーン国立公園の温泉から二〇〇三年に分離されたアシディアヌス・フィラメンタス・ウイルス1（Acidianus filamentous virus1：AFV1）と命名された紐状のウイルスのエンベロープの微細構造が、これまで自然界では知られていない特殊なものであることが報告された[6]。

クライオ電子顕微鏡による観察とコンピューター解析を行った結果、ウイルス粒子の直径が約一八ナノメートルであるのに対し、エンベロープの厚さは通常の細胞膜の半分の約二ナノメートルと薄かった。にもかかわらず、エンベロープはウイルス粒子の総質量の四〇％を占めていた。その理由は、脂質の分子が馬蹄形の構造を作っていて、エンベロープにびっしり詰め込まれているためだった。このような構造のエンベロープが発見されたのは初めてのことだった（**図11**）。

ウイルスのエンベロープは、宿主細胞の細胞膜から作られる。アーキアウイルスの場合、宿主となるアーキアの細胞膜は特殊な脂質でできており、しかも細菌や真核生物の二重膜と異なり、単層の構造になっている。二重膜は高温環境ではお互いに剝がれるおそれがあるが、単層であればそのようなことは起こらないため、より安定しているのであろう。このような頑強な素材からできたウイルスのエンベロープが、馬蹄形という特殊な構造を持つことで、極限

図11 AFV1のエンベロープ構造
（註［6］より引用）

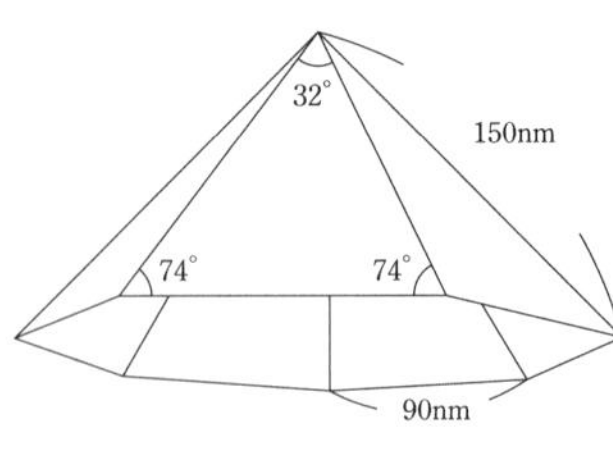

図 12 アーキアウイルスの“脱出孔”
（註［7］を基に作成）

環境に耐えていると推測されている。

また、このウイルス粒子の内部では、ＤＮＡの周囲をカプシドタンパク質が取り巻いて核タンパク質を形成している。ＤＮＡのらせんはＳＩＲＶ２と同じくA型である。これもまた、前述のように、高い安定性の仕組みの一つと考えられる。

ウイルスが細胞から放出される際のプロセスも、アーキアウイルスは独特である。一般的なエンベロープのないウイルス（ポリオウイルスなど）は、成熟ウイルスが細胞内に充満すると細胞が溶け、破裂することでウイルス粒子が放出される。エンベロープを持つウイルスの場合には、細胞膜をエンベロープに取り込みながら、細胞表面に（インフルエンザウイルスなど）「発芽」し放出される。

それに対し、ＳＴＩＶやＳＩＲＶ２などのアーキアウイルスはわざわざ〝脱出孔〟をつくる。これらのウイルスの粒子がアーキアの細胞質の中で形成されると、七つの二等辺三角形の面を持ち、底が抜けているピラミッド構造が多数アーキアの細胞粒子内に出現する（**図12**）。このピラミッドはウイルスタンパク質で作られていて、できあがるとすぐにその先端が細胞膜を突き破り、七つの面が花弁のように開いて膜に孔を開け、ウイルス粒子がこの孔から放出される。ほかのウイルスには見られないユニークなウイルス放出方法も、アーキアウイルスが極限環境で生きる手段の一つかもしれない。(7)

ウイルス学の盲点——巨大ウイルスの発見

巨大ウイルスは、アーキアウイルスとは異なり、ごくありふれた場所で見つかった。一九九二年、英国リーズ市公衆衛生研究所の細菌学者ティム・ローバサムは、管轄地域のブラッドフォード市で発生した肺炎の流行の原因を調べていた。彼ははじめ、肺炎の原因としてレジオネラを疑っていた。この菌は、一九七〇年代に米国で在郷軍人会での肺炎の原因としてビルの空調の冷却水から分離されたもので、その名は在郷軍人（legion）に由来する。

アメーバは異物を無差別に貪食するので、彼はクーリングタワーの冷却水をアメーバに接種してアメーバ内で培養することを試みた。すると、いくつかの細菌を分離できたが、レジオネラとの同定はできなかった。

三年後、ローバサムの細菌がフランス、エクス＝マルセイユ大学リケッチア部門教授のディディエ・ラウールのもとに持ち込まれた。リケッチアは細菌だが人工培地では増えない。そのためアメーバでの培養はラウールが日常的に用いていた研究手段だった。彼は、リボソームの16S RNAをコードするDNAの配列を解読することにより、細菌の種類を同定することにした。いくつかの菌はレジオネラに属することがわかったが、ローバサムが「ブラッドフォード球菌」と名付けていた細菌からは、目的とするDNAを増幅できないまま一年間が過ぎた。

ラウールは、この細菌の細胞壁が頑強だからDNAが抽出できないのだと考え、抽出処理の前と後のサンプルを電子顕微鏡で調べてみた。すると驚いたことに、ブラッドフォード球菌が増殖したアメーバの中には、規則正しい正二〇面体の粒子が詰まっていた。それはイリドウイルスと呼ばれる昆虫や魚に感染する巨大なウイルスに似ていた。さらに解析を進めたところ、この粒子には二本鎖DNAの大きなゲノムが含まれていて、さらに、増殖する際に姿が一時消える暗黒期が存在することがわかった。つまり、ブラッドフォード球菌は、細菌ではなく、ウイルスであった。ただしそのゲノムは約一二〇万塩基対という巨大なもので、少なくとも二五種類の細菌のゲノムよりも大きかった[8]。

このウイルスは、細菌に似た（mimic）微生物という意味で、ミミウイルスと命名され、二〇〇三年に発表された。ここから巨大ウイルス研究が始まった。

ミミウイルスを最初にブラッドフォード球菌として分離したローバサムと、ミミウイルスの発見者ラウールは、ともに細菌学者であり、ウイルス学者ではなかった。この巨大ウイルスを、これまでに多くの細菌学者が目にしていたはずである。しかし、ウイルスとはみなされずに見逃されていたのであろう。「ウイルスは光学顕微鏡では見えない」という二〇世紀初めに生まれた常識から抜け出すことができなかったのだ。巨大ウイルスの発見は、先入観にとらわれずに、自然界を観察する必要性をあらためて示していると言えよう。

巨大ウイルスの発見ラッシュ

小型の細菌よりも大きな、光学顕微鏡で見ることができる巨大ウイルス発見の衝撃は大きかった。巨大ウイルスの探索が始まり、二〇〇八年には、ラウールらがママウイルスとムームーウイルスをク

表1 アメーバで分離された主な巨大ウイルス

ウイルス	系列	分離源	粒子の形	粒子サイズ (nm)	遺伝子数（推定）
ミミウイルス科			正二〇面体	750	1182
ミミウイルス	A	冷却水			
ママウイルス	A	冷却水			
ヒルドウイルス	A	医療用ヒル			
レンチルウイルス	A	コンタクトレンズ保存液			
サンバウイルス	A	ネグロ川（ブラジル）			
ムームーウイルス	B	冷却水			
メガウイルス	C	海岸			
シャンウイルス	C	肺炎患者の便			
マルセイユウイルス科			正二〇面体	250	368
マルセイユウイルス	A	冷却水			
カンヌ8ウイルス	A	冷却水			
ローザンヌウイルス	B	セーヌ川			
チュニスウイルス	C	淡水			
インセクトマイムウイルス	C	ハナアブ（ハエ目の昆虫）			
パンドラウイルス		海岸，湖水	卵型	1000 × 500	2474
ピソウイルス		永久凍土	卵型	1500 × 500	610
ファウストウイルス		下水	正二〇面体	250	466
モリウイルス		永久凍土	球形	500	652

ーリングタワーの冷却水から分離した。これまでに分離された巨大ウイルスは六つのグループに分けられていて、そのうち、ミミウイルス科とマルセイユウイルス科が国際ウイルス分類委員会で認定されている（**表1**）。

巨大ウイルスは、ミミウイルス科に分類されているものがもっとも多く、四〇種以上にのぼる。その分離場所は、冷却水、川の水、海水といった環境、医療用のヒル、コンタクトレンズの保存液、ヒトの呼吸器や便などだ。[9] マルセイユウイルス科では八種が分離されている。そのうちの三種は淡水からで、ほかに昆虫から一種、無症状のヒトから二種が分離されている。[10]

現在まで、ウイルスの最大記録は更新され続けている。二〇一三年、チリの海岸とオーストラリアの湖水で、ミミウイルスよりもはるかに大きな、直径一〇〇〇ナノメートルもあるウイルスが分離され、パンドラウイルスと命名された。

二〇一四年には、シベリアの三万年前の永久凍土から、ピソウイルスが分離された（前述）。ピソウイルスは、粒子サイズが一五〇〇ナノメートルもあり、これまでに分離されたウイルスの中で最大である。ミミウイルスとは別の系列とみなされている。

巨大ウイルスに寄生するウイルス

二〇〇八年、ラウールらは、ママウイルスを分離した際に小さなウイルス粒子を見つけた。ウイルスに寄生する小型ウイルスの存在はそれ以前から知られており、「衛星ウイルス」と呼ばれている。これに対し、宿主のウイルスを「ヘルパーウイルス」と言う。彼らはこの小型ウイルスを、最初の人工衛星の名前をとってスプートニクウイルスと命名した。

スプートニクウイルスは、ママウイルスが感染しているアメーバでのみ増殖することができる。しかも、このウイルスが増殖していると、ママウイルスの産生量が三〇％になる上に、産生されるママウイルスの形が異常になる。これまでに、B型肝炎ウイルスをヘルパーとするD型肝炎ウイルスなど、衛星ウイルスはいくつも知られていたが、これらはヘルパーウイルスの増殖を妨げることはないとされていた。ヘルパーウイルスの増殖を阻止するスプートニクウイルスは通常の衛星ウイルスとは違うものとみなされ、細菌を食べるウイルスである「バクテリオファージ」にならって、「ヴィロファージ」と命名された。ヴィロファージも、巨大ウイルスと同様にぞくぞくと発見されている[9]。

巨大ウイルスはヒトに病気を起こすか

最初に発見された巨大ウイルスであるミミウイルスは、肺炎の原因探索がきっかけで発見された。巨大ウイルスがわれわれの住む環境に広く存在していることが明らかになりつつあり、ヒトに病気を起こす可能性が懸念されている[11]。

発端は、ラウールの研究室でミミウイルスを取り扱っていた実験助手の肺炎だった。肺炎になった後、助手の体内にミミウイルスに対する抗体が出現しており、肺炎を起こすほかの病原体に対する抗体は陰性のままだったことから、ミミウイルスによる肺炎の可能性が疑われている。

同じミミウイルス科のレンチルウイルスは、角膜炎で受診した女性が使用していたコンタクトレンズの保存液から分離された。角膜表面を擦って採取したサンプルの検査では、アメーバや細菌感染の所見はなかったため、角膜炎はレンチルウイルスが原因と推測されている[12]。

また、病気との関連は見つかっていないが、ヒトからもいくつかの巨大ウイルスが分離されている。チュニジアでは、肺炎になった一九六人の呼吸器のサンプルを調べたところ、一人の女性からミミウイルスが分離された[13]。また、抗菌薬が効かなかった肺炎患者の便からミミウイルス科のシャンウイルスが分離されている[14]。セネガルの若い男性の便からは、偶然、マルセイユウイルス科のウイルスが分離され、セネガルウイルスと名付けられた。

ミミウイルス科のヒルドウイルスは、チュニジアとフランスの小さな川でつかまえたヒルの内臓をアメーバに接種することで分離された。[15] ヒルの唾液に血液凝固を阻止する作用があることから、米国では医療用ヒルが承認されており、日本でも一九八〇年代から外科で用いられている。医療用のヒルから巨大ウイルスに感染する可能性も指摘されている。

アーキアウイルスと巨大ウイルスの発見は、ウイルスの役割や存在意義に新しい展望をもたらしている。生命の起源は、一説には深海中の熱水噴出孔付近であると考えられているが、この領域でもアーキアウイルスが発見されている。[16] ウイルスが生命の起源に関わっている可能性が強くなってきたと言えよう。巨大ウイルスは、前章で述べたように、現在の生物の分類に疑問を提示し、生命とは何かという問題を再提起している。ウイルス学の常識をくつがえした二つのウイルス群は、今、生物学の根底を大きく揺るがしているのである。

第8章　水中に広がるウイルスワールド

研究者たちのウイルスに対する関心は、二〇世紀後半までは陸上生物を宿主とするものにほぼ限られていた。海のウイルスについては、水産業の確立のために養殖魚の病気（魚病）の原因となるウイルスが研究される程度だった。漠然とした先入観から、広大な海洋でウイルスが増殖することは想像もされていなかった。

しかし近年、海水・淡水といった「水圏」の環境中に、広大な、しかもきわめて興味深いウイルス世界が存在することが徐々に明らかになってきている。それどころか、海水や湖水の中に存在するこれらのウイルスが、水圏生態系、ひいては地球環境に影響を与えている可能性も示唆されている。

水圏のウイルスの主な宿主は、植物と微生物である。たとえば、水圏ではいたるところに藻類が繁茂している。それらのうち、クロレラのように顕微鏡サイズの小さなものは「微細藻類」と呼ばれ、約一〇万種が存在する。そのうち浮遊性の微細藻類は「植物プランクトン」とも呼ばれ、光合成により大気中の二酸化炭素を固定して酸素を産生している。二〇世紀の終盤に、これらの微細藻類もまたウイルスの宿主となっていることが明らかになった。

アオコ（湖沼の水がペンキのような緑色に染まる現象）の原因として知られている藍藻も、微細藻類の一グループである。もっとも藍藻は、系統的には藻類ではなく、大腸菌などと同じグラム陰性菌であり、正しくは「原核生物」に分類される。したがって、藍藻に感染するウイルスは、細菌を宿主とするウイルスの場合と同様に、便宜上「ファージ」と呼ばれる。

そのほかにも、海水には多くの種類の細菌が生息している。多くはグラム陰性菌で、海水と同じ塩濃度の培地でよく生育する。また、海底の泥にはグラム陽性の連鎖球菌やブドウ球菌などが生育している。そして、これらに感染するウイルス（ファージ）も多く存在している。

未知のウイルス生態系の発見

一九六三年、淡水中の藍藻からファージが分離された。この発見をきっかけに、ファージを用いたアオコ抑制技術の可能性が注目された。しかし、排水規制によりアオコの発生が減少するに従って、ファージへの関心は薄れていった[1]。

ウイルスが生存し続けるには、特定の種の宿主から宿主へとウイルスが渡り歩ける必要がある。そのため長い間、生物がまばらにしか存在しない水圏でウイルスが安定して生存できるかどうかは疑問視されていた。しかし一九七〇年代後半にこの「常識」がくつがえされた。沿岸で採取した海水をフィルターで濾過し、フィルター上に捕集された細菌の数を核酸染色用の蛍光色素で染色して数えた結果、一ミリリットル中に一〇〇万個以上の細菌が存在することが明らかとなったのだ。[2] これだけ多くの細菌が密に存在しているのであれば、それらに感染する膨大な数のファージが海水中に存在するはずである。こうして、ふたたび水圏のウイルスへの関心が高まっていった。

こうした背景のもと、ノルウェー・ベルゲン大学のエイヴィン・ベリらは、世界各地の海水・湖水を採取し、遠心分離技術により水分を除去したあと、電子顕微鏡で直接観察した。すると、一ミリリットル中に数百万から数千万個以上のウイルス粒子が浮遊していることを発見した。それは、広大な未知のウイルス生命圏が見つかったことを意味していた。一九八九年に「ネイチャー」誌に掲載された彼らの論文こそ、現在の水圏ウイルス学の出発点だったと言えるだろう。[3] 実際、この論文に触発され、水圏ウイルス研究の世界に入ってきた研究者も少なくないという。

では、生物が非常に少ないように思える極限環境ではどうだろうか。一九九六年から九七年にかけて南極のいくつかの湖で行われた調査では、一ミリリットルの水中に、四〇〇万から一〇〇〇万のウイルス粒子が検出された。[4] また、海水の一〇倍以上の塩濃度の塩田、八〇℃を超す高熱でpH三・〇の酸性温泉、pH一〇以上という高アルカリ性のモノ湖（米国カリフォルニア）といった極限環境においても、多数のウイルスが検出された。なお極限環境で見つかったウイルスはほとんどがアーキアを宿主とするウイルスと考えられている。[5] 水深一〇〇〇メートルの深海でも、多数のウイルスが発見されている。これらのウイルスは、主に藍藻のファージとアーキアウイルスであると考えられている。本来光合成に頼って生きている藍藻が深海に存在するのは、表層から沈んでくるためである。生物は人間の想像を超える過酷な環境で生息しており、そしてその環境の多くでウイルスも見つかるのである。

カナダ、ブリティッシュ・コロンビア大学の海洋ウイルス学者カーティス・サトルは、それまでの報告に基づき、一ミリリットルの海水中のウイルス量を、深海では少なくとも三〇〇万個、沿岸では一億個と仮定して試算を行った。その結果、地球上の海水一リットル中には平均三〇〇億個のウイルスが存在し、地球上の海水（1.3×10^{21}リットル）には、4×10^{30}個のウイルスが含まれていると推定した。

炭素は、生物の体を構成するタンパク質やＤＮＡに必須の分子であり、生物の骨組みをなす元素である。そこで、一個のウイルスの重量を炭素の量で約〇・二フェムトグラム（一〇兆分の二ミリグラム）と仮定すると、海洋ウイルスの総量は二億トンということになる。この重量は、シロナガスクジラ七五〇〇万頭に相当する。また、このウイルスの長さを約一〇〇ナノメートルと仮定すると、海洋ウイルスをすべて繋いだ鎖を作れば、銀河系の直径の一〇〇倍を超える長さになるという[6]。どう換算してもその膨大さを把握することは容易ではないが、ともかく、このようにおびただしい量のウイルスが海洋環境中に存在しているということが、現在では海洋生物学分野の常識となっている。

ウイルスは赤潮の消滅に関与する

では、上述のように海洋に膨大なウイルスが存在するなら、これらのウイルスはどのような役割を担い、海洋生態系にどのような影響を及ぼしているのだろうか。地道な赤潮調査の結果から、その一端が垣間見えてきている。

微細藻類が大増殖すると、水面は藻類の種類により赤色、茶褐色、紫色など、さまざまに変化する。海洋学分野では、この現象を「赤潮」あるいは「ブルーム」と呼ぶ（Bloom：花盛りを意味する英語）。なお藍藻の場合はアオコと呼ぶ。赤潮を起こす微細藻類は数十種が知られており、種類によって海はさまざまな色に染まる。

たとえばラフィド藻の一種であるヘテロシグマ・アカシオは、南北両半球の温帯域において初夏に大増殖し、茶褐色の赤潮を形成する。また、ハプト藻類の一種である円石藻（エミリアニア・ハクスレイ）が大増殖した場合には、水面は乳白色またはトルコブルーに変化し、その現象は「白潮」と呼ばれる。いわゆる「赤潮」の語源となったのは、光合成能を持たない渦鞭毛藻のヤコウチュウである（この藻類はうっすらとピンク色の色素を有している）。

ウイルスは、微細藻類にどのように影響を与えているのだろうか。前水産総合研究センター瀬戸内海区水産研究所の長崎慶三（現高知大学）らは、一九九三年に広島湾で発生したヘテロシグマによる赤潮の現場海水を透過電子顕微鏡で観察していた際、正常なヘテロシグマ細胞に混ざって多数のウイルス様粒子を含む細胞が存在すること、そしてこの細胞の割合が赤潮の消滅とともに増加することを発見した。さらに彼らはヘテロシグマに感染するウイルスの分離・培養に成功し、これをヘテロシグマアカシオウイルス（ＨａＶ）と命名した。系統学的解析の結果、ＨａＶは、微細藻類ウイルスとして最初に発見されたフィコドナウイルス科*のクロレラウイルスに近縁なウイルスと考えられている。

また彼らは、一九九八年、赤潮の発生時期に行った調査で、ヘテロシグマ細胞が急激に減少する際、HaVの密度が特異的に増加することを確認し、さらに赤潮が崩壊した後に生き残っていたヘテロシグマの多くはHaV抵抗性であることを発見した。これらの知見に基づき、同グループはHaVがヘテロシグマ個体群中における株組成の変化や赤潮の終息そのものに関与している可能性を提唱している[7]。

また、一九九九年に英国の海岸で円石藻から新しいフィコドナウイルスが分離され、コッコリソウイルスと命名された。この名前は炭酸カルシウムの結晶から作られる円石（Coccolith：コッコリス）に由来する。このウイルスは、円石藻ブルームを調節していると推測されている[8]。

赤潮に関与しているのは、フィコドナウイルスだけではない。

一九八八年高知県の海で、渦鞭毛藻の一種ヘテロカプサ・サーキュラリスカーマによる赤潮が発生し、その後各地で頻発するようになった。長崎らは、この赤潮から同種に感染する一本鎖RNAウイルスを分離し、ヘテロカプサRNAウイルス（HcRNAV）と命名した。五年間にわたる調査結果から、このウイルスもヘテロカプサ赤潮の崩壊に関わっている可能性が考えられた。また、ヘテロカプサ赤潮が発生した際に、水中だけでなく、海底の泥の中でもHcRNAVが顕著に増加していることと、さらに赤潮が消滅した後も、長期間、海底の泥の中にHcRNAVが残存していることが明らかになった。

佐渡島の加茂湖は、両津湾とつながる汽水湖である。二〇〇九年一〇月、この湖でヘテロカプサ赤潮が初めて発生し、一ヶ月にわたって継続した。この間、養殖カキに大量死が起こり、地元の水産業に壊滅的被害がもたらされた。新潟県と水産総合研究センター（現水産研究・教育機構）は、加茂湖における継続的な調査を実施した結果、ヘテロカプサが加茂湖にほぼ定着した可能性、そしてHcRNAVが赤潮の動態に関与している可能性を指摘している。[9]

赤潮という非常に大規模な海洋現象にウイルスが関与していることを示す事実が集まりつつあると言えるだろう。

ウイルスは深海の生態系を支えている

海洋のうち、太陽光が届く水深二〇〇メートルまでの領域を「有光層」といい、それより深い部分はすべて深海に分類される。有光層では、微細藻類が光合成により二酸化炭素と水を有機物質に変換し、同化や呼吸といった細胞活動を行う。これらの微細藻類は動物プランクトンや魚の餌となり、魚の死骸や排泄物は細菌などにより分解され、可溶性有機炭素として海水中に溶け込む。可溶性有機炭素の一部は大気中に放出され、分解されなかった死骸はマリンスノーとなって海底に沈んでいく。

＊（一三五頁）このウイルス科名は古代ギリシア語で「海藻由来」を指す接頭辞のフィコ（phyco）にドナ（dna）をつけたものである。なお、フィコドナウイルスはミミウイルスと同じ系列にあてはまり、巨大ウイルスの一つになっている。

深海には、太陽光はほとんど届かない。ここでは、暗闇、高水圧、低水温、低酸素といった過酷な環境に適応するため、有光層とは大きく異なる独自の生態系が構築されている。光合成でエネルギーを得る生物は生息できないため、深海魚などの生物は、有光層から沈んできて深海底を漂うマリンスノーを餌としている。原核生物（細菌とアーキア）は、プランクトンや魚の死骸の有機物質を栄養として増殖している。

イタリア・マルケ工科大学の海洋科学者ロベルト・ダノヴァーロは、深海底の沈殿物を調べた結果、一平方メートル当たり約一兆から二八兆個ものウイルスが存在することを発見した。そこで、浅い海から深海までの海底泥について、ウイルスにより破壊されている原核生物の数を調べた結果、より深い海底ほど原核生物の死亡率が高まり、水深一〇〇〇メートル以下では九〇％の原核生物が溶解されていた。深海ではそれだけ効率よく有機物質が生産されていることになる。[10]

深海では光合成が行われないため、酸素がほとんど存在しない。したがって、「ウイルス増殖による原核生物の溶解→新たな原核生物の増殖促進→ウイルス増殖」という有光層とは異なるサイクルにより、この膨大な有機物質生産が行われ、深海生態系を支えていると考えられる。こうした深海での有機物質生産量は、年間約三・七～六・三億トンの炭素に相当すると推定されている。

熱水噴出孔にも大量のウイルスが生息する

深海底には、三五〇℃にも達する熱水が噴き出す「熱水噴出孔」と呼ばれる場所がある。この熱水に金属の硫化物が大量に含まれている場合は、熱水が深海の冷たい水で冷やされると、金属の硫化物が化学反応を起こして黒く変化する。それが黒い煙が立ちのぼるように見えることから、この種の熱水噴出孔はブラックスモーカーとも呼ばれている。熱水噴出孔は、原始的生命が生まれた場所の有力な候補とみなされており、そこにおける生命活動への関心が高まっている。

こうした場所は、人間を含むほとんどの生物にとって、温度・水圧などの点で過酷すぎて、とても生息できない極限環境である。だが、この「極限」という言葉自体が人間の価値観で歪められた表現なのかもしれない。実際、熱水噴出孔の周囲にはおびただしい数の好熱性微生物が生息している。とくに高温の部位には超好熱菌やメタン菌といったアーキアが多い。熱水噴出孔から採取した超好熱菌を培養してみたところ、硫黄、水素、二酸化炭素だけで増殖していることが明らかとなっている。彼らは、熱水中に含まれる硫化化合物の還元力を利用し、有機物を合成しながら、熱水噴出孔の周囲の生態系を支えていると考えられている。簡単に言えば、酸素呼吸をしていないのだ。さらにこれらの微生物とともに、ここでもウイルスが活動していることが明らかになってきた。太平洋の熱水噴出孔では、一ミリリットル中に一〇〇〇万個に達するウイルス様粒子が検出されている(11)。

熱水噴出孔周辺から分離された細菌やアーキアでも、そのゲノムにウイルスの活動の痕跡が見られる。それは、ゲノムの中のクリスパー（CRISPR）と呼ばれる配列である。これは、二〇ないし五〇塩基が繰り返されている短い配列で、繰り返しの間にスペーサーと呼ばれる配列が存在する。このスペーサーの部分に、過去に感染したウイルスの遺伝子の一部が組み込まれているのだ。細菌がウイルスに侵入された時、細菌のＤＮＡにそのウイルスの遺伝情報と一致するスペーサーがあれば、クリスパー近傍のＤＮＡ切断酵素が動員されて、ウイルスＤＮＡが認識され切断される。このように、クリスパー配列は過去におけるウイルス侵入の記録であり、同じウイルスにふたたび感染された時の免疫機能を司ると考えられている（章末コラム参照）。

熱水噴出孔周辺から分離された細菌やアーキアには、一ゲノム当たり数十から数百のクリスパー領域が見つかっている。これは、熱水中の微生物にも頻繁にウイルス感染が起きていたことを示す痕跡と考えられる。[12]

また、環境中のサンプルに含まれるゲノムを調べるメタゲノム解析*と呼ばれる技術で、熱水噴出孔周辺の泥に含まれるウイルス遺伝子の実態の一部が明らかにされてきている。たとえば泥の中からは、微生物の主な代謝経路に関与するウイルス遺伝子が見つかっており、ウイルスが過酷な環境での微生物の代謝を助け、環境への順応を助けている可能性があると推測されている。[13]

ウイルスは地球環境にも影響を与えている？

気候変動に関する政府間パネル（ＩＰＣＣ）の報告によれば、過去一〇〇年間に地球の表面温度は約〇・七℃、海面の気温は約〇・六七℃上昇しており、大気と海洋システムの温暖化について疑う余地はないとされている。海洋は地球表面の七割以上を占め、大気中と比べて熱を一〇〇〇倍以上吸収する能力を持っているため、地球環境の維持に大きな役割を果たしている。ここでは、海洋に存在するウイルスが地球環境にどのような影響を及ぼしているかについて考えてみたい。

一般に、海洋生態系について説明する際には、微細藻類は動物プランクトンに食べられ、動物プランクトンは魚に食べられるという直線関係の食物連鎖のイメージが示される。しかし、実際にはそのような単純な関係ではなく、細菌、微細藻類、動物プランクトンなどさまざまな生物が複雑な網目状の「食物網」を構成している。

さらに、その中にウイルスが入り込んで、栄養分を生産者レベルに還元するリサイクルシステムがあるものと推定されている（**図13**）。つまり、微細藻類がウイルスにより溶解されることで、細胞の内容物が水中に放出され、そのまま可溶性有機物質として微細藻類の栄養になっているのだ。これは、一定サイズ以上の粒子しか捕食できない動物プランクトンから見れば、貴重な餌が失われていくようなものである。ある試算では、ウイルスにより微細藻類間でリサイクルされ続ける栄養分は、微細藻類由来の栄養分の三七％にもなるという。[14] ウイルスは、水中の生態系の有機物を配分する際の鍵を握っているのだ。もし仮に、水中にウイルスが存在しなかったら、その生態系はまったく異なるものになるだろう。

生態系だけではなく、気候変動についてもウイルスの関与が指摘されている。

太陽光は水深約二〇〇メートルまで到達する。この有光層では、主に微細藻類が光合成により水と

＊　メタは「高次元」を意味する接頭辞。メタゲノムは環境中の全遺伝情報を指す。

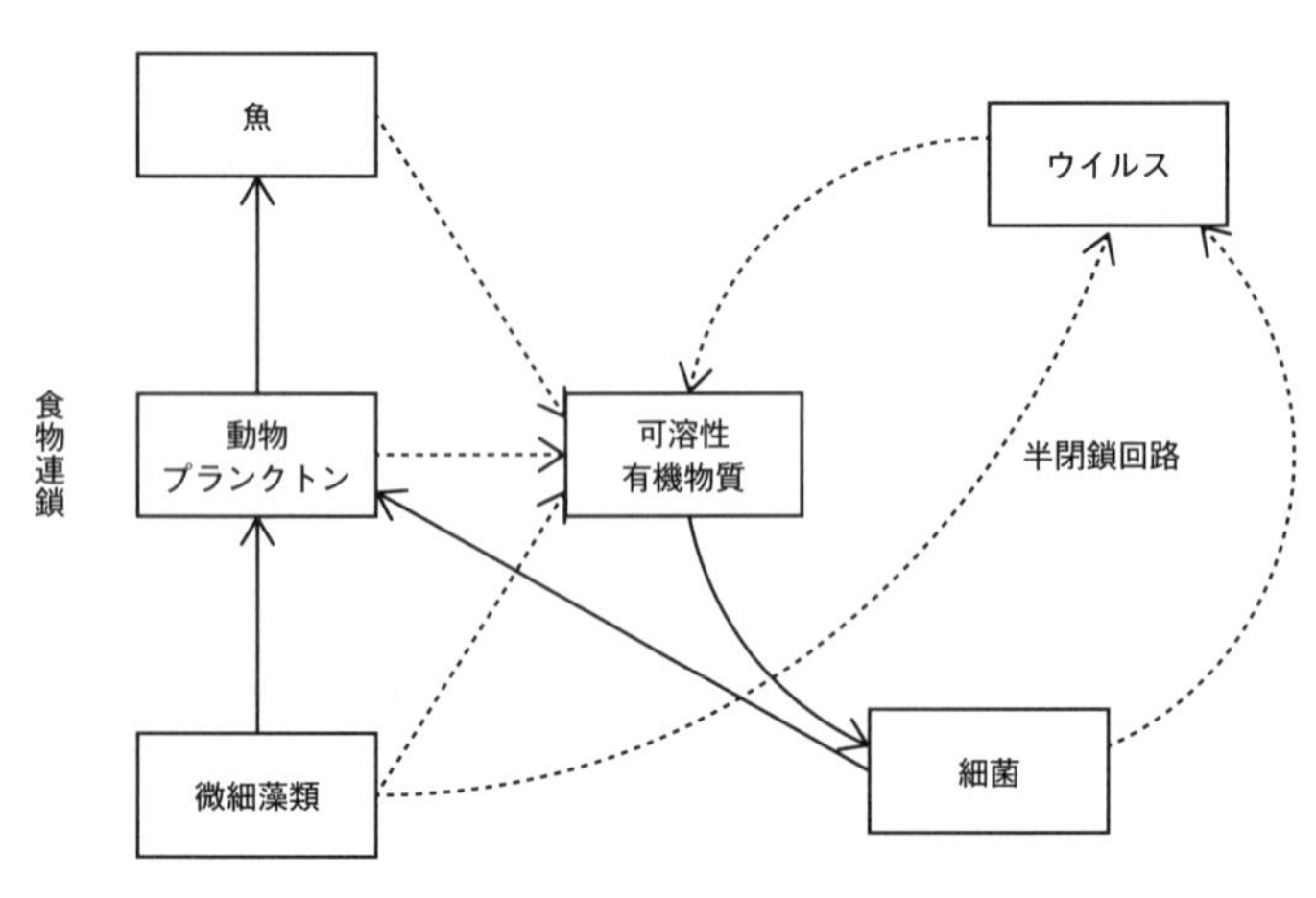

図 13　水圏の炭素循環

二酸化炭素を有機物に変換していて、その結果、二酸化炭素が海水中に取り込まれる。その際に分解された水からは酸素が放出される。海洋におけるこの炭素循環で発生する酸素の量は地球上の約三分の二を占める。ウイルスは二酸化炭素を吸収する微細藻類を死滅させるため、その動態は、炭素循環に影響を与えることで温暖化に関わっていると考えられる。

また、ウイルスが雲の形成に影響を与えている可能性もある。微細藻類は、揮発性の硫黄化合物ジメチルスルフィド（DMS）を産生し大気中に放出する。このDMSが大気中で酸化されると、親水性のエアロゾル、つまり水蒸気が水に凝縮するための核になる。これが雲凝結核となって雲が発生する。海から放出されるDMSの量は大気中のDMSの約三〇%を占めるという。ウイルスは、DMSを多く含む円石藻やほかのさまざまな微生物に感染して、その放出を促進する。したがって、ウイルス感染の結果、大気中に放出されたＤＭＳが雲の形成に影響を及ぼすというわけである。[14]

普通のウイルスは、第1章で紹介したように、大気中で紫外線によりただちに不活化される。しかし海水中では、不活化されたウイルスが生き返る仕組みがある。水中でもウイルスは紫外線によりゲノムＤＮＡが損傷を受けて感染性を失うが、微細藻類の細胞内に存在するＤＮＡ修復機構により、損傷が修復されて生き返るのである（なお、第1章で紹介した多重感染再活性化は、紫外線により異なる領域が不活化された複数のウイルスが同じ細胞に感染した際に、「再集合」によって損傷した部位が置き換わるもので、海水中で起きている光再活性化とは別の仕組みである）。[15] こうして、太陽光（紫外線）が届く有光層でもウイルスは死滅せずに活動を続けられるのだ。

地球規模での海洋ウイルスの探査

二〇世紀の終わりまで、海洋ウイルスの研究は、電子顕微鏡でウイルス粒子を検出する方法や、一旦ウイルスを環境中から単離して培養し、実験室内で性質を調べる方法が主流であった。二一世紀初めになると、新たな塩基配列解読技術（次世代シーケンシング技術）により、環境中のすべての遺伝子配列を読むメタゲノム解析が可能となった。このイノベーションにより、海水中に存在するさまざまなウイルスゲノムの塩基配列を、各ウイルスを単離しなくても、まとめて短時間かつ安価に解析することができるようになった。

ヒトゲノム計画の実質的リーダーであったクレイグ・ヴェンターは、彼のヨット「ソーサラー」（魔術師）二号」で二〇〇四年から二年をかけて地球を一周し、海洋に存在するウイルスゲノムの調査を行った。その結果、代謝や細胞機能をコードする数百から数千のウイルス遺伝子の配列が発見された。[16]これが、地球規模での海洋ウイルス探査の始まりとなった。

さらに、二〇〇九年から三年間にわたり、「タラ海洋プロジェクト」による地球規模での海洋生態系調査が行われた。このプロジェクト名は調査船タラ号にちなんだものである。当初は、少数の科学者の草の根運動に端を発したものであったが、やがて海洋学、微生物生態学、ゲノム解析学、分子生物学、細胞生物学など多分野の専門家一〇〇名を巻き込む巨大プロジェクトになっていった。[17]そのうちウイルスゲノムの解析は米国アリゾナ大学の環境ウイルス学者マシュー・サリヴァンをリーダーとして進められた。この時彼は、新種のウイルスを同定するための新しい手法を開発していた。それは、遺伝子が部分的に共通するウイルスについてそれらのＤＮＡの類似性をグラフにすると、ぼやけた像ではなくはっきりとした塊となることから、それぞれの塊が進化的に近しいウイルスの集団を表していると判断するという手法であった。[18]

タラ号が二〇〇九年一一月から二〇一一年三月までの期間に調査した海域は、北極海、大西洋、太平洋、インド洋、南極海の五大洋すべてと、紅海、地中海、アドリア海などを含む四三箇所にのぼる。各調査点では、海面下数メートルの海水二〇リットルがホースでくみ上げられ、はじめに粗い目のフィルターで濾過された。さらにフィルターの目を細かくしながら濾過を繰り返し、最終的に孔の口径が二二〇ナノメートルの細菌フィルターが用いられた。サリヴァンらは、ウイルスが含まれるこの濾液を超遠心分離機で濃縮したあとDNAを抽出し、塩基配列を解析した。

その結果、全部で一万五〇〇〇余りのウイルス集団が見つかり、八六七のウイルス・グループ（属レベルに相当する集団）に分けられた。その三分の二は未知のウイルス由来であった。次に、海洋全体に広く存在すると推定された三八のウイルス・グループについて、それらの感染の標的になる宿主の推定が試みられた。前述のように、ウイルスに感染した細菌のDNAには、クリスパー配列の中にスペーサーとしてウイルス遺伝子の痕跡が残っている。したがって、ウイルスの配列の一部に合致するクリスパーを持った細菌が宿主である可能性が高い。クリスパー配列を調べた結果、海洋ウイルスは、藍藻のように大量に存在する細菌だけでなく、生息数が限られている細菌にまで広く感染していることが推測された。[19][20]

このプロジェクトでサリヴァンたちが調べたのは、細菌フィルターを通過するウイルスの世界である。つまり、上述の濾過操作ではフィルターに捕捉されてしまう巨大ウイルスは調査の対象外であった。そこで巨大ウイルス研究者の緒方博之（現京都大学化学研究所）らは、フィルター膜に残った試料からDNAを抽出して、メタゲノム解析を行った。その結果、水深五〇メートルくらいまでの表層部分で、一リットルの海水中に平均四五〇〇万個の巨大ウイルスが検出され、それらの多くはミミウイルス科とフィコドナウイルス科のウイルスであることを明らかにした。[21] 海洋の生態系の一員として、巨大ウイルスはどのような役割を担っているのだろうか。

この二〇年あまりの研究で、これまで完全にブラックボックスだった水圏のウイルスワールドが垣間見えてきた。海は地球の七割以上を占め、水深を考えれば、ウイルスが生息しうる容積は陸地をはるかに超える。海のウイルスは、地球上でもっとも数が多く、もっとも多様性に富む生物群と言える。水圏ウイルス学の進展により、水中におけるウイルスと生物の間のダイナミックな相互関係が明らかにされていくことだろう。

乳酸菌ファージの研究から生まれたゲノム編集技術

デンマークの食品企業ダニスコ社の米国支社の主任研究員ロドルフ・バランゴウは、乳酸菌の一種ストレプトコッカス・サーモフィルス（サーモフィルス菌）のさまざまな株の遺伝子構造を調べていた際に、クリスパーと呼ばれる特別な配列に興味を抱いた。クリスパーでは、ＤＮＡを構成する四つの塩基（Ａ、Ｔ、Ｇ、Ｃ）数十個が作る回文構造*の配列が繰り返されていて、その反復配列の間にスペーサーと呼ばれる配列がはさまっている。クリスパーは、細菌の約四〇％、アーキアの約九〇％に存在している。

サーモフィルス菌は、チーズやヨーグルトの製造に用いられる細菌で、しばしばファージに汚染されて使用できなくなる問題を抱えていた。そのため、彼らはファージに抵抗性を示す菌株を数多く開発していた。バランゴウは、この抵抗性株と元の株の配列を比較していた際、抵抗性株には新しいスペーサーが加わっていることに気がついた。

＊　Ａ：アデニン、Ｔ：チミン、Ｇ：グアニン、Ｃ：シトシン。回文構造は「たけやぶやけた」のように最初から読んでも終わりから読んでも同じになる文字列を言う。

そのスペーサーの配列はファージのDNAの一部と一致しており、過去に細菌にファージが感染した際に、ファージのDNAの一部がスペーサーとして細菌の染色体に取り込まれたことがわかった。新しいファージに感染される度に、スペーサーの数は増えていた。このような細菌に以前に感染したことのあるファージがふたたび感染すると、スペーサーの配列との一致が認識され、クリスパー領域の近くに存在するDNA切断酵素が動員されて、ファージDNAが破壊されるという訳である。

もっとも原始的な生物である細菌に、このような巧妙な獲得免疫の仕組みが存在する。彼らの二〇〇七年の論文は大きな反響を呼び起こした。[22]

スウェーデン・ウメオ大学のエマニュエル・シャルパンティエと米国カリフォルニア大学のジェニファー・ダウドナは、クリスパー領域でファージが破壊される仕組みを応用して、細菌の特定の領域を破壊するゲノム編集の技術を開発し、二〇一二年に「サイエンス」誌に発表した。これは、標的の領域の情報をガイドRNAとして用いて、クリスパーの近傍に存在するDNA切断酵素の一つ、キャスナインと一緒に細菌に導入するものである。この方法で、DNAのねらった場所をピンポイントで改変できるようになった。この手法は、「クリスパー・キャスナイン」と呼ばれている。[23]

現在では、ガイドRNAを発現するDNAベクターとキャスナインを発現するベクターが市販されていて、ゲノム編集が容易にできるようになっている。

第9章　人間社会から追い出されるウイルスたち

天然痘と麻疹は、歴史上、人類にもっとも大きな被害を及ぼしてきた感染症である。

天然痘は、約三〇％という致死率の高さから、また根絶の道筋が見えたことから、世界規模で根絶計画が遂行され、一九八〇年、世界保健機関（ＷＨＯ）により根絶が宣言された。

麻疹ウイルスはＷＨＯの根絶計画により多くの先進国で排除されているが、根絶には至っていない。麻疹はウイルスが排除された国々でもまれに発生するが、それは麻疹が流行している地域からウイルスが持ち込まれる場合に限られている。

これら二つのウイルス感染症に加えて、人類史に大きな影響を与えたウイルス感染症として、牛疫がある。牛疫は農耕の担い手だったウシを全滅させ、たびたび飢饉を引き起こすことで世界史を変えてきた。牛疫もまた、二〇一一年に国連食糧農業機関（ＦＡＯ）と国際獣疫事務局（ＯＩＥ）により根絶が宣言されている。

天然痘ウイルス、麻疹ウイルス、牛疫ウイルスは、いずれも人間社会で生まれたウイルスである。一般にウイルスと宿主の共生は数百万年もしくは数千万年にわたって続いていることが多い。それに比べれば、天然痘ウイルスと麻疹ウイルスがヒトとともに、また牛疫ウイルスがウシとともに生きてきた期間はほんのひとときにすぎない。これらのウイルスは、ヒトの社会に出現し、瞬く間に姿を消した（または消そうとしている）と言えるだろう。その一方で、天然痘ウイルスを人工的に合成して〝復活〟させることが技術的に可能になってきている。ヒトに翻弄され続けるウイルスたちを見てみよう。

天然痘ウイルスの起源をめぐる謎

天然痘ウイルスは、野生動物のウイルスがヒトの間で伝播されているうちに、ヒトだけに感染するように進化した。それは、ヒトが約一万年前、狩猟採集の生活から農耕を始めて集団で生活するようになった頃だと推定されている。

歴史上もっとも古い天然痘患者として、紀元前一一五七年に死亡したファラオ・ラムセス五世が知られている。エジプトのカイロ博物館にあるミイラの、顔、首、肩などに、豆粒のように盛り上がった発疹（丘疹）の痕があることが根拠である。ところが最近、一七世紀のミイラから分離した天然痘ウイルスのゲノムを解析した結果から、天然痘ウイルスはもっと最近に出現したという異なる見解が示された。天然痘ウイルスの起源をめぐる最近の議論をまとめてみたい。

さまざまなウイルスのゲノムを比較することにより、天然痘ウイルスと近縁のウイルスがいくつか見つかっている。牛痘ウイルス、ラクダポックスウイルス、およびタテラポックスウイルスである。牛痘ウイルスはジェンナーが種痘に用いたことでよく知られているが、その名前とは異なり、野生齧歯類と共存しており、ウシにはまれに感染しているにすぎない。ラクダポックスウイルスは、イランなどの中東でラクダに致死的感染を起こしている。タテラポックスウイルスは、アフリカでタテラ属のアレチネズミから分離された。これらのウイルスはいずれも丘疹を特徴とすることから、ポックスウイルスと総称されている。

牛痘ウイルスは、これらのウイルスの中でもっとも大きなゲノムを持っている。感染する動物種も齧歯類、ウシ、ヒト、サルと幅広い。これに対し天然痘ウイルスのゲノムはもっとも小さく、ヒトにしか感染しない。そのため天然痘ウイルスは、牛痘ウイルスに似た共通祖先ウイルスが遺伝子の一部を徐々に失っていって生まれたものと推定されている[1]。

系統樹を解析した結果、これらのウイルスの詳しい類縁関係が明らかになった。牛痘ウイルス様の共通祖先ウイルスから、約一万年前にまず牛痘ウイルスが分かれ、ついで、約三〇〇〇年前にラクダポックスウイルスとタテラポックスウイルスが、そのすぐ後に天然痘ウイルスが分かれたと推測されている（**図14**）。

天然痘ウイルスの出現時期が絞り込まれた。では、出現地域はどこか。牛痘ウイルスはさまざまな宿主に感染するので、広範囲に分布しうる。タテラポックスウイルスが感染しているのはアフリカに

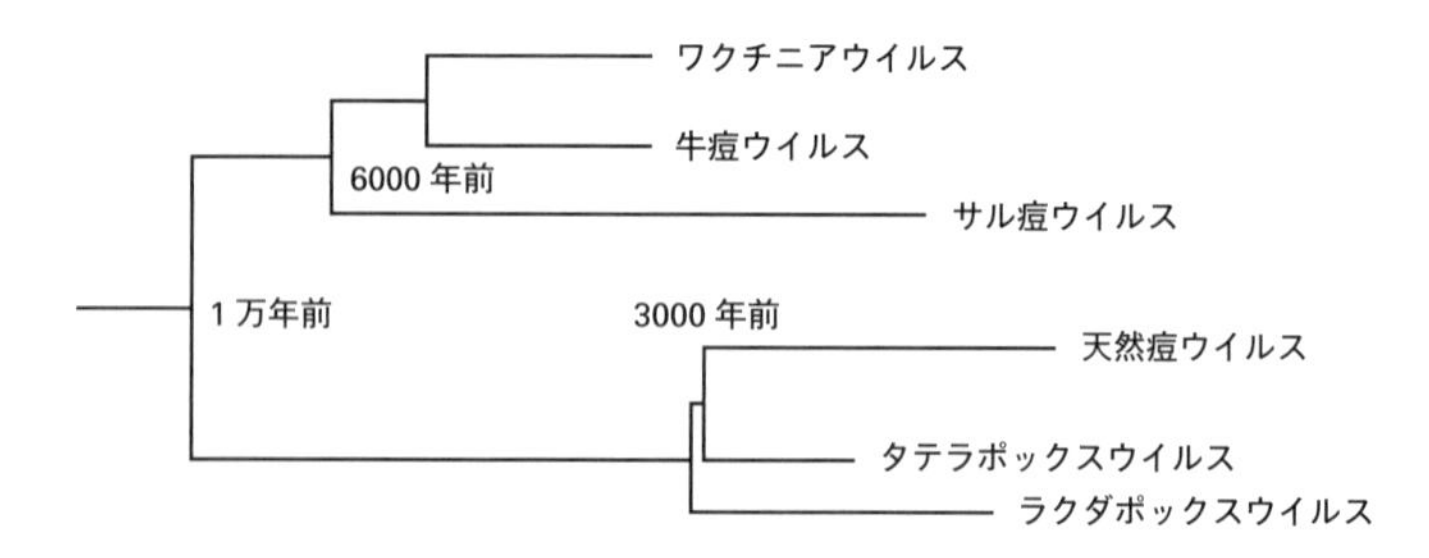

図 14 天然痘ウイルスの起源（註［1］を基に作成）

生息するアレチネズミであり、ラクダポックスウイルスが感染する家畜化されたラクダは、約三五〇〇年ないし四五〇〇年前にアフリカに導入されていた。三つのウイルス宿主が共存する場所がアフリカであったことから、天然痘ウイルスは、アフリカで齧歯類が保有する祖先ウイルスから生まれたと推測されている[2]。

ところが、二〇一六年にリトアニアのミイラから分離した天然痘ウイルスのゲノムを調べた結果、天然痘ウイルスが生まれたのは、三〇〇〇年も前ではなく、もっと最近のことであるという見解が示された。

リトアニアの首都ヴィルニュスのドミニカン教会の地下室で、推定二～四歳の性別不明の子供のミイラが見つかった。ミイラの組織サンプルがリトアニアとフィンランドの研究チームにより採取され、カナダ・マクマスター大学古代ＤＮＡセンターに送られた。そして放射性炭素により、この子供は一六四三年から一六六五年に死亡したと推定された。この時期、ヨーロッパでは天然痘の発生が数回記録されている。このミイラには丘疹の痕は見られなかったにもかかわらず、ＤＮＡを解析したところ天然痘ウイルスの遺伝子断片が検出された。この断片をつなぎ合わせることで、天然痘ウイルスのゲノムが構築された。

それまでに、一九四四年から七七年までに分離された四〇株あまりの天然痘ウイルスのゲノムが解読されていた。そして、約三〇年間という短い期間に起きた変異からウイルスの進化速度が推定されていた。この四〇株に、新たに約三五〇年前のミイラのウイルスのゲノムが加わり、約三〇〇年間という一〇倍のスパンでウイルスの変異速度があらためて調べられた。すると、変異はもっと速く、一年間に一〇〇万塩基当たり約九塩基の割合で起きていた。この進化速度から計算した結果、二〇世紀に分離された天然痘ウイルスは、一五八八年から一六四五年の間に、ミイラのウイルスと共通の祖先ウイルスから分かれたものと推定された[3]。この祖先ウイルスがいつ頃ヒトに感染していたのかについてはこの系統樹では検討されていないが、中世以来大きな被害を及ぼしてきた天然痘ウイルスは、出現からたった三〇〇年で根絶されたことになる。

なお、ウイルスの出現年代がファラオのミイラの肉眼観察とリトアニアのミイラのゲノム解析の間で大きく食い違った理由は、ファラオのミイラに見られた丘疹の痕が、天然痘ではなく水痘によるものだったためではないかと説明されている。天然痘と水痘は昔から混同されてきた。水痘ウイルスは、生物進化とともに受け継がれてきたヘルペスウイルスで、人類は出現した時から感染していたと考えられている。

あるいは、三〇〇〇年前に一度天然痘ウイルスが生まれたものの、当時は人口が少なかったために行く先を失って消滅したのかもしれない。ファラオの時代に天然痘ウイルスが生まれていたとしても、それは、根絶の標的になった天然痘ウイルスとは別の系列のものだったということになる。

ジェンナーの天然痘ワクチンの正体

天然痘ワクチンは、最初のウイルスが発見される一〇〇年ほど前、エドワード・ジェンナーにより開発された。一七六八年、ジェンナーは「乳搾りをしている人が牛痘にかかると天然痘にかからない」という言い伝えを知り、牛痘による天然痘予防を思い立ち、牛痘にかかった人々が天然痘に曝露された際の状況を詳しく調べた。一七八〇年、彼は友人に「ウマのかかとの病気がウシに牛痘を引き起こしており、これが乳搾りの人びとを天然痘から防いでいるのだ。これをヒトの間で植え継いでいけば、天然痘を完全に絶滅させることができるだろう」と語っていた。彼がウマのかかとの病気と呼んでいたのは、グリース（現在は馬痘）と呼ばれる化膿病変のことである。ウマの関節やかかとに発疹ができて化膿したあと、かさぶたができて治る。彼は、ナチュラリストとしてのすぐれた観察力により、牛痘はグリースが原因であって、グリースの手当をしたその手が乳牛に牛痘を移していると判断していた（章末コラム参照）。

一七九六年、ジェンナーは乳搾りの女性の腕にできた牛痘の漿液を接種することで天然痘を防げることを証明した。これが最初の種痘である。さらに一八四〇年にイタリア・ナポリの医師ジュゼッペ・ネグリが子牛の皮膚での天然痘ワクチンの製造法を開発すると（第1章）、一九世紀終わりには種痘は世界各地に広がった。(4)

二〇世紀にウイルス学が始まってまもなく、天然痘ワクチンに含まれるウイルスは牛痘ウイルスではないことがわかり、ウイルス研究者を驚かせた。このウイルスは、ワクチンになっていたことからワクチニアウイルスと名付けられた。しかし、ワクチニアウイルスと共存する真の宿主動物が見つからなかった。

ワクチニアウイルスの起源は長い間謎のままだったが、ゲノムの時代になって解明された。ワクチニアウイルスは、世界各国で長年にわたって継代されてきた結果、多くのウイルス株に分かれていた。一方、馬痘ウイルスは、一九七六年にモンゴルで初めて分離され、二〇〇六年にそのゲノムが解読された。[5] これらのウイルスのゲノムを比較した結果、馬痘ウイルスがワクチニアウイルスのグループの一つであることがわかった。[6] また、二〇一七年に米国のワクチンメーカーで一九〇二年製造の天然痘ワクチンが発見され、それに含まれるウイルスのゲノムを解析したところ、馬痘ウイルスとほとんど同一だった。[7]

つまり、ジェンナーが牛痘と言っていたのはウシに感染した馬痘ウイルスだったのである。なお、馬痘ウイルスは本来はウマのウイルスではなく、牛痘ウイルスと同様に齧歯類と共存するウイルスと考えられている。

なぜ、異なるウイルス由来のワクチンが効果を発揮したのだろうか。それは、ワクチニアウイルスのゲノムには天然痘ウイルスの遺伝子がすべて含まれているためである。その結果、ワクチニアウイルスが天然痘の予防に役立ったのだ。「馬のかかとの病気が天然痘を予防する」というジェンナーの観察と洞察が正しかったことが、ゲノム科学により証明されたと言えよう。

「ローテク」で根絶された天然痘

天然痘ウイルスはヒトにしか感染しない。また、感染したヒトの約三〇％が死亡する一方で、回復したヒトは強い免疫を獲得するため、ふたたび感染することはない。つまり天然痘ウイルスは、まだ感染していないヒトだけに伝播することで存続してきた。また、天然痘ウイルスのゲノムＤＮＡは変異が遅いため、一つのタイプのワクチンだけで予防できた。これらの特徴から、ＷＨＯは、ワクチン接種を拡大していけば、天然痘ウイルスは伝播先を失って死に絶えると判断し、一九六六年に天然痘根絶計画を発足させた。

当時、先進国での天然痘の発生は種痘の実施によりほとんどなくなっていた。一方で、南アジアやアフリカなどの熱帯地域では天然痘の発生が続いていた。そこでさまざまな技術開発が行われた。たとえば、冷蔵保存や輸送の設備のない地域向けに凍結乾燥ワクチンが英国で開発された。日本でも、国立予防衛生研究所（予研、現国立感染症研究所）、北里研究所（筆者が参加）、日本ＢＣＧ研究所の合同チームが独自の耐熱性ワクチンを開発した。このワクチンはネパールでの根絶計画に用いられた。なおワクチン自体は、ジェンナーの時代から続くウシで製造された伝統的なワクチンである。当時すでに細胞培養でワクチンを製造することもできたが、細胞培養ワクチンはウシのワクチンよりも効果が低かったため、一五〇年以上前の古典的ワクチンを一部改良したものが用いられていた。

もう一つの重要な技術開発は、ワクチンの接種法だった。皮膚は、表皮、真皮、皮下組織の三層からなる。ほとんどのワクチンは皮下接種なので皮下組織に注射するが、天然痘ワクチンは皮内接種なので表皮と真皮の間に注射する。そのため、接種の際に注射針が深く入りすぎないように注意しなければならない。従来は、手術用メスに似た種痘針で上腕に傷をつけて、ワクチンを皮内にしみ込ませていたが、米国の製薬企業ワイス社が、先端が二つに分かれた針を開発した（図15）。これは二又針といい、ワクチン液に浸すと表面張力の作用で一定量のワクチンが溜まる。二又針でまっすぐ皮膚を強く刺すという単純な作業により、皮内接種が容易に、かつ確実に、ごく少量のワクチン液でできるようになった（図16）。とくに役立ったのは、二又針でまっすぐ皮膚を強く刺すという単純な動作で種痘ができるようになったことである。素人でも、オレンジやグレープフルーツで一〇分間くらい刺す練習をすれば、種痘を行うことができた。また、天然痘では無症状感染は起こらず、その症状は典型的だったので誰でも簡単に気がつく。感染者が見つかったら、地域の保健担当者が二又針でその地域と周辺でワクチンを接種して、さらに感染が広がるのを防げばよい。これは「包囲ワクチン接種法」と呼ばれ、網羅的に多数のヒトにワクチン接種を行う場合に比べ、少量のワクチンで済んだ。また、発生の通報制度が設けられ、発見者には報奨金が支払われた。その額は根絶終了間際には一〇〇〇ドル（二〇万円*）まで引き上げられた。(4)

＊　一九八〇年頃の為替レートに基づく。

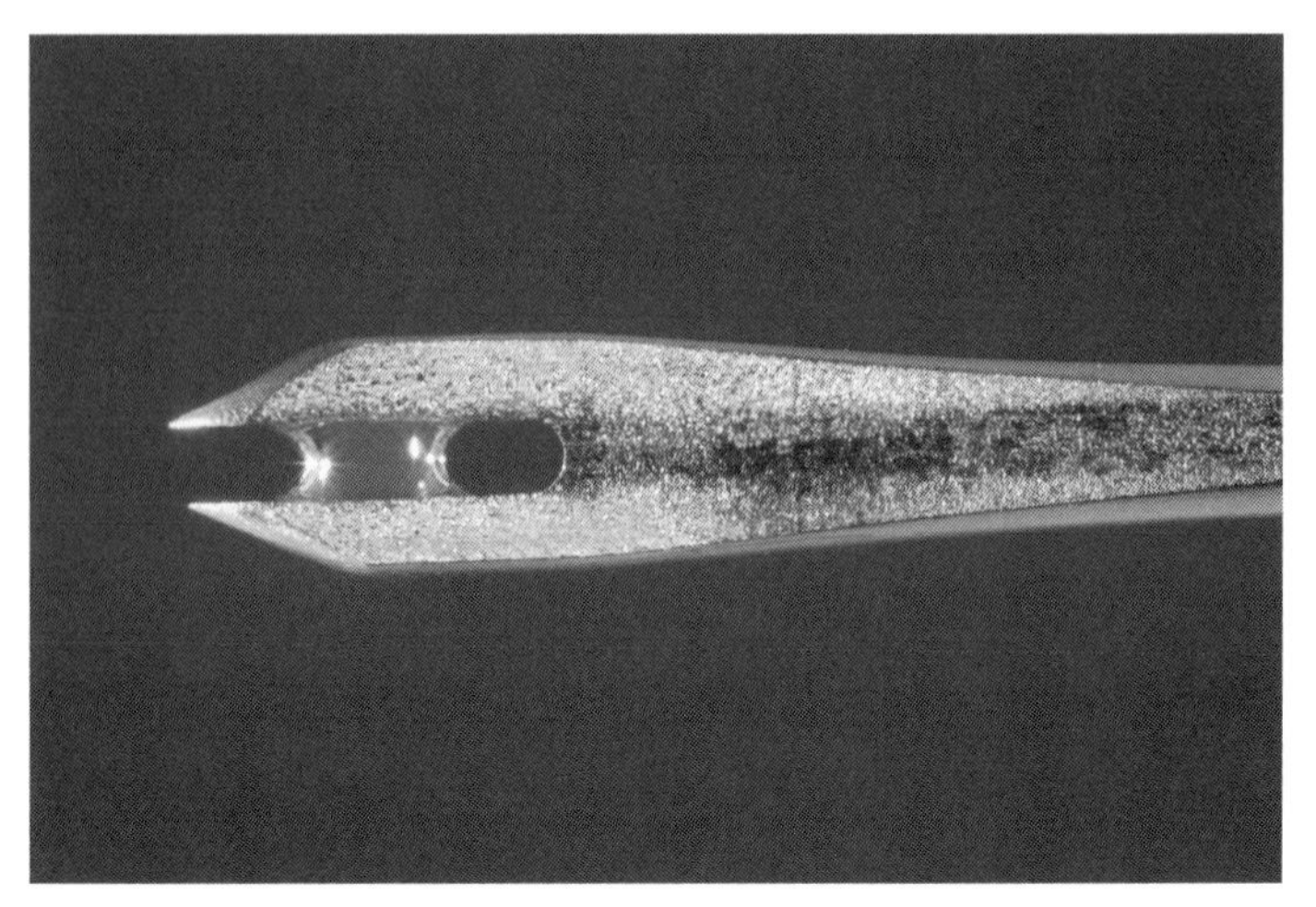

図 15 二叉針の先端部分（写真：James Gafany）

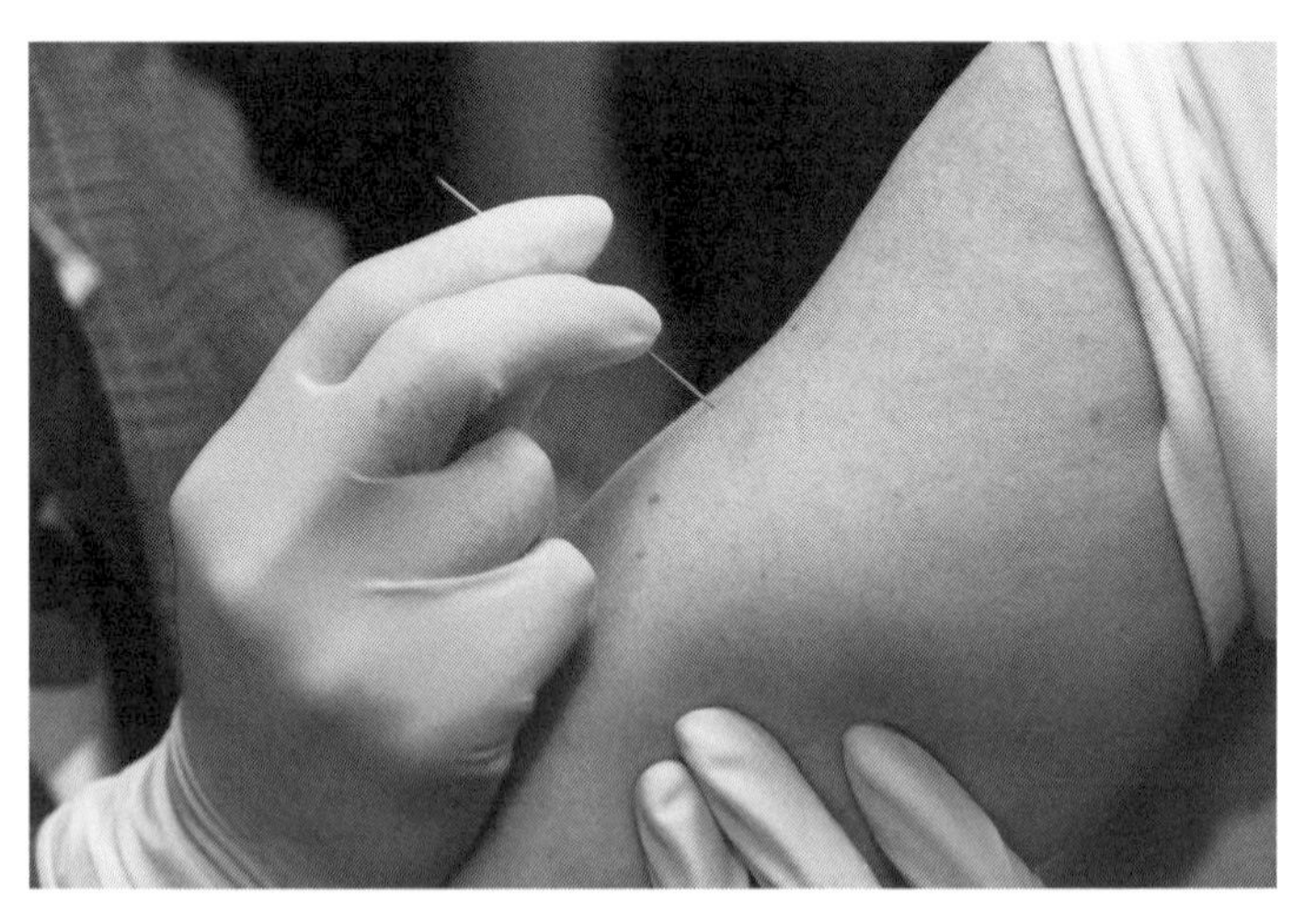

図 16 二叉針を用いたワクチン接種（写真：James Gafany）

天然痘の根絶を支えたのは、耐熱性ワクチンと二又針であった。二〇世紀微生物学の金字塔と言われる偉業は、先端技術を用いずに達成されたのである。根絶に関わった専門家たちには、二又針を加工したタイタック「二又針勲章」が贈られた。

〝第二の天然痘〟出現のシナリオ

天然痘が根絶された後、今度は、サル痘ウイルスの危険性が浮上した。このウイルスは牛痘ウイルスと非常に近縁で、その名前と異なり、リスなどの齧歯類が自然宿主である。サルにはたまたま感染しているにすぎない。サル痘ウイルスのヒトへの感染は、天然痘根絶が最終段階を迎えていた一九七〇年代初めに、西アフリカと中央アフリカで隠れた天然痘患者を探している際に見つかった。それ以後、コンゴ、中央アフリカ、ガボン、リベリア、シエラレオネなどの森林地帯でヒトへの感染が起きている。

感染は、ヒトがリスやサルに嚙まれたり、その血液に接触したりすることで起きる。その症状は天然痘に非常によく似ていて、一〇％の致死率に達することもある。コンゴでの感染がとくに多い。二〇〇五年から二〇〇七年にＷＨＯが森林に囲まれた地域で積極的な調査を行った際には、七六〇例（住民一万人当たり約六人）の感染例が見つかっている。[8] その発生頻度は、なんと一九八〇年代の二〇倍に急増していた。

急増の遠因は天然痘ワクチンにあると考えられている。天然痘ワクチンはサル痘ウイルスに対しても予防効果があるが、種痘が一九七〇年代に中止されて以来、免疫のないヒトが増えた。そのために、サル痘の感染が増加しつつあると考えられている。二〇〇三年には、コンゴで感染者と接触した二次感染者が入院して、院内でさらに六代にわたってヒトからヒトに感染が受け継がれた。この例は、たまたま病院内で感染が起きたために、ヒト－ヒト感染であることが明らかになった。ヒト－ヒト感染が続くことで、ウイルスの変異によりヒトの間で容易に広がるようになって、やがて〝第二の天然痘〟が出現する可能性がある。[9]

サル痘が広がりやすいのは、人口が過密で交通網が発達した国々である。その条件に合う地域なら、サル痘の発生地から数千キロも離れていたとしても、ウイルスの流行が始まるリスクがある。二〇〇三年には、米国ウィスコンシン州の女性がサル痘ウイルスに感染した。感染源は、ペットショップで購入したプレーリードッグだった。この店には西アフリカのガーナから輸入した六種類の野生齧歯類が一緒に飼育されており、そのどれかからプレーリードッグが感染し、そこからヒトに移ったと推測されている。

先進国に輸入された野生齧歯類がサル痘ウイルスを持ち込んだ場合、ヒトだけでなく、その地に生息する齧歯類にも感染が広がる危険性がある。米国に多数生息するハイイロリスはサル痘ウイルスに感受性がある。これらがもしもサル痘ウイルス保有動物になると、ヒトへの感染リスクは一挙に高まる。[10] 種痘が中止されて三〇年以上経っており、免疫を持つヒトはほとんどいない。また、ＨＩＶ感染者のような免疫力の低下したヒトが増えている。現代社会はサル痘ウイルスから天然痘のような病気を生みだすリスク要因を抱えていると言えるだろう。

「天然痘ウイルスの人工合成」という悪夢

天然痘は一九八〇年に根絶が宣言された。しかし、天然痘ウイルスは米国とロシアの研究所で保管されている（一六頁）。これらのウイルスはすべて、ゲノム解析が終わった時点で廃棄されるはずだった。しかし、「ウイルスは基礎研究に必要」と主張する研究者グループと、テロリストによる盗難や過失によるウイルス流出の危険性を重視する公衆衛生グループの対立、さらに国家安全保障という政治的背景が絡み合い、天然痘ウイルスはいまだに廃棄されていない。*

また、もう一つ懸念がある。天然痘ウイルスのゲノムの塩基配列はすべて公開されており、ゲノムを人工合成する技術は日に日に進歩している。ＷＨＯ専門家会議は、二〇一五年、天然痘ウイルス合成は技術的に可能になったと結論し、天然痘がふたたび発生するリスクはなくならないと報告した。

ＷＨＯは、天然痘ウイルスのゲノムの二〇％以上を作製することを禁止している。ＤＮＡ合成を受託する会社は、正当な理由がない限り、天然痘ウイルスのＤＮＡ合成の注文は自発的に断るよう要求されている。たとえば、前述のリトアニアのミイラ由来の天然痘ウイルスゲノムの研究は、ＷＨＯ天然痘ウイルス研究諮問委員会から実験の実施と論文発表について承認を受けて行われている。

＊　当時、イラクは秘密裏に天然痘ウイルスを入手してバイオテロを計画していると本気で信じられていた。

しかし、このWHOの規制には大きな抜け穴があった。二〇一八年一月、カナダ・アルバータ大学のウイルス学者のデイヴィッド・エヴァンスらは、感染性のある馬痘ウイルスの人工合成を「プロスワン」誌に発表した。彼らは、馬痘ウイルスのゲノムDNAを一〇個の断片に分けて、メールで注文して合成してもらい、できたDNA断片をつなぎ合わせて馬痘ウイルスのゲノムを構築した。合成委託の代金は約一〇万ドル（約一一〇〇万円）だった。このゲノムDNAは感染性がないため、彼らは、ヘルパーウイルスとしてショープ線維腫ウイルス（ウサギのポックスウイルス）を感染させた細胞にゲノムDNAを導入した。すると、ヘルパーウイルスの酵素によりゲノムDNAが再活性化され、感染性のある馬痘ウイルスが細胞で合成されたのである。[11] なお、この研究で利用されたのはポックスウイルスで知られている再活性化の現象で、第1章で紹介した多重感染再活性化とは別の仕組みである。

天然痘の再発を懸念しているバイオセキュリティ専門家にとって、この論文が掲載されたことは青天の霹靂であった。[12] 約二一万三〇〇〇塩基対の馬痘ウイルスのゲノムには、約一八万六〇〇〇塩基対の天然痘ウイルスの遺伝情報がほぼすべて含まれている。この論文に書かれた手順に従えば、感染性のある天然痘ウイルスを合成することもできると考えられた。この研究論文は、その危険性から「サイエンス」誌と「ネイチャーコミュニケーションズ」誌からは却下されていた。それが、別の科学雑誌に掲載されたのだ。

この研究の目的として、エヴァンスらは「バイオテロ対策として重要視されている天然痘ワクチンの副作用の問題について、ジェンナーの時代のウイルスを用いることで解決を目指す」としている。

これは苦しい言い訳で、著者らが天然痘ワクチンの現状をまったく理解していないことを告白しているにすぎない。この論文が引用している副作用は、二〇〇一年の同時多発テロの直後に、バイオテロを恐れて六二万人の陸軍関係者に第一世代ワクチン（ウシで製造したもの）を緊急接種した際に見られたものである。現在は、橋爪壮が開発したＬＣ１６ｍ８ワクチンやドイツのＭＶＡワクチンなど、細胞培養で弱毒化された第三世代ワクチン*が少なくとも数億人分は世界各国で備蓄されている。ＬＣ１６ｍ８ワクチンは二〇〇二年から二〇〇五年にかけて国連平和維持軍として派遣された自衛隊員三五〇〇名あまりに接種されたが、安全性に関する問題は起きていない[4]。ジェンナー時代のウイルスを出発点としてワクチン開発を行うという発想にいたっては、科学的根拠が皆無である。

「プロスワン」誌は、デュアル・ユース（二重用途、つまり善悪いずれにも利用できること）に関する委員会で検討した結果、安全なワクチン開発に役立つ利益がリスクを上回ると結論し、全員一致で掲載を承認したと説明している。

天然痘テロのリスクと天然痘ワクチンの現状、いずれについても正しい認識を欠いたまま、研究者たちの間で合成生物学が一人歩きしているのである。

「ネイチャー」誌は、二〇一八年八月一三日号の論説で次のように指摘している。米国国立衛生研究所（ＮＩＨ）のような、由緒あるまた規制が保たれている研究所の倉庫で天然痘ウイルスのバイアル

* 第二世代ワクチンは細胞培養で製造されたワクチンである。

が最近まで残されていたことを考えれば（第1章）、旧ソ連や非合法の生物兵器計画を進めていた国の冷凍庫にもウイルスが残っているかもしれない。また、北極の永久凍土が溶解して、天然痘で死亡したヒトのミイラから天然痘ウイルスが出現する可能性もある。そして、最大のリスクは合成生物学の進展であって、合成天然痘ウイルスは、自然界の天然痘ウイルスよりも広がりやすいものに、もしくは治療薬に抵抗するようにデザインされた危険性の高いウイルスになりうると警告している。[13]

「天然痘テロ」のシナリオ

ＷＨＯの天然痘根絶作戦の指揮をとったドナルド・ヘンダーソンは、天然痘ウイルスの廃棄を強く主張してきた。彼が企画した「大西洋の嵐」という番組が英国ＢＢＣにより制作された。テロリストが天然痘ウイルスを入手して空港などの要所にひそかに散布したという設定で、米国大統領をオルブライト元国務長官、ＷＨＯ事務局長をブルントラント元事務局長が、ほかの国の首脳も大臣経験者が演じた。

シナリオは、二〇〇五年一月一七日、ワシントンでの環大西洋安全保障サミットに加盟国首脳とＷＨＯ事務局長が集まったところに、ヨーロッパの数ヶ国で突然天然痘が発生したという緊急連絡が届く場面から始まる。次々に送られてきた情報から、国際的危機であることが明らかになっていく。天然痘患者の数は増加し続けており、すでにいくつもの国に広がっていた。

首脳の間で、さまざまな議論が交わされる。備蓄されているワクチンをどのように使うのがもっとも効果的か？　それを誰が決めるのか？　各国間のリアルタイムの通信手段はあるのか？　国境閉鎖はできるのか？　ＷＨＯには、このような事態に対応する態勢はあるのか？　ほかに対応できる国際組織はあるのか？　白熱した議論の結果、国際的危機管理体制ができていないことが明白になっていく。[4][14]

では、実際に天然痘テロが起きた場合には、どのような事態になるのだろうか。一九七二年、天然痘の根絶宣言の八年前に、四五年間にわたって天然痘の発生がなかった旧ユーゴスラビアで突如発生した天然痘の事例を見てみよう。

天然痘を持ち込んだのは、メッカ巡礼から帰国した一人のイスラム教徒だった。彼はコソボの村に帰った後、疲労、悪寒、発熱の症状が出たが、旅行の疲れによるものと考えていた。天然痘と診断されたのは、その三週間後だった。それまでに、二五の村で一四〇人の患者が発生していた。独裁政権を敷くチトー大統領は国家非常事態を宣言し、厳重な封じ込め作戦を開始した。村や町への道路は閉鎖され、数多くのホテルやアパートなどが差し押さえられて、約一万人の接触者が強制的に隔離され、武装兵士により監視された。全国民への種痘が開始された。種痘針が足りなかったため、ペンの尖端やスタイラスペンまでが種痘に用いられた。三週間で総人口二〇〇〇万人のうちの一八〇〇万人が種痘を受けた。約一月半後、一七五名の患者と三五名の死者を出して、流行は終息した。[4][15]

当時はまだ種痘が行われていたため、免疫のある人たちが多数残っていた。ワクチンは各国からの寄付によりすぐに確保できた。天然痘を診た経験のある医師もまだ残っていた。しかも独裁政権の下、人権を無視した封じ込め対策が実施された。現在、これらの条件はいずれも満たされていない。

天然痘ウイルスは、テロリストにとって最高の手段と言われている。病原体を散布するテロには自分自身も感染するリスクがある（ブーメラン効果）。しかし、天然痘ウイルスに対しては種痘というすぐれた予防手段があるため、その心配がない。* テロリストは、自らが感染するおそれはないまま、ひそかに天然痘ウイルスを合成・培養して散布できる。天然痘ウイルスに感染して症状が出るまでには一〇日以上かかる。医師たちが天然痘と気がつくまでには、さらに日数がかかるものと思われる。天然痘ウイルスは、インフルエンザウイルスの二倍以上の強い伝播力を持っている。もし天然痘の診断が数十年ぶりに下されることがあるとしたら、その時には世界中にウイルスが広がり、「大西洋の嵐」のシナリオが現実のものになっているだろう。(16)

麻疹ウイルスはウシのウイルスから生まれた

一九五四年、ジョン・エンダースが麻疹ウイルスをサルの腎臓細胞で分離した時から、麻疹ウイルスの研究は急速に進展しはじめた。まもなく、麻疹ウイルスの性状はウシの急性伝染病を起こす牛疫ウイルスに非常によく似ていることがわかった。そして一九八〇年代に両ウイルスの遺伝子構造が明らかになり、系統樹を作って調べたところ、麻疹ウイルスが牛疫ウイルスから生まれたことが推定された。かつて、農耕の重要な労働力だったウシとの共同生活の中で、牛疫ウイルスがヒトに偶然感染した。そして、最初はウシとヒトの間で広がっていたものがヒトにだけ感染する麻疹ウイルスに進化したと考えられている。

東北大学の押谷仁らは、両ウイルスの遺伝子の違いと変異の速さ（進化速度）から計算し、一一世紀から一二世紀の間に牛疫ウイルスから麻疹ウイルスが分岐したと推定している。[17]

一方、史実を振り返ると、麻疹と推測される病気のもっとも古い記述は、中国で五〇〇年頃に出版された医書『肘後方』（葛洪による原著の増補版）に見られる。この年代は、進化速度からの推定年代の誤差範囲に入るとみなされている。

存続戦略は「最強の伝播力」

『続日本紀』には、奈良時代の天平九年（七三七）に「疫瘡」という病気が起きたことが記されている。その症状や処置法は、同年に配布された太政官符では「赤斑瘡」とされている。これは、九州で発生して都で大流行を起こし、権勢を誇っていた藤原不比等の息子たちである四兄弟もかかって死亡した病気で、これが日本における麻疹の最初の記録とみなされている。赤斑瘡を取り上げた小説『火定』（澤田瞳子著、PHP研究所、二〇一七年）では、エボラを上回るすさまじい病気が都全体に広がっていった情景を描写している。なおこの小説では、この疫病は一般に信じられてきた見解に従っ

＊ 筆者は一九六〇年代初めに予研で天然痘ウイルスの実験を手伝っていたことがあるが、種痘を受けていたので、特別な安全対策は行っていなかった。

て天然痘という設定になっている。＊しかし、小児科医で医史学者の三井駿一らは麻疹と結論しており、筆者も同じ見解である。[18][19]

麻疹ウイルスの存続戦略は、そのずば抜けた伝播力にある。ほかの広がりやすいウイルスと比較すると、一人の麻疹患者が一二〜一八人に感染させるのに対して、天然痘ウイルスは六〜七人、インフルエンザウイルスは二〜三人に感染させるにすぎない。既知の全ウイルスの中で、麻疹ウイルスは最高の伝播力を持っているのである。

麻疹ウイルスは、患者の咳やくしゃみの飛沫とともに呼吸器から感染する。接触による感染も起こす。飛沫の水分が乾燥して直径五マイクロメートル以下の粒子（飛沫核）になると、その中に含まれるウイルスは空気中で二時間くらいは生きている。感染したヒトは、最初は風邪のような症状を示し、数日後から発疹が出て、その段階で初めて麻疹と診断されるが、ウイルスは症状が現れる前から排出され始めているので、その頃には感染が広がっている。発疹が出て麻疹と診断されたあとも、ウイルスは四日ほど排出され続ける。

多くのヒトは二、三週間で回復する。しかし、麻疹ウイルスはＨＩＶと同様に免疫力を低下させるため、症状がなくなっても体の抵抗力が一ヶ月間くらいは低下しており、ほかの細菌やウイルスによる感染を起こしやすい。

麻疹の武器である伝播力は、実は諸刃の剣である。麻疹は一度かかると終生免疫ができるため、ふたたびかかることはない。そのため、小規模なヒトの集団の中では、麻疹ウイルスは急速に広がってすぐに感染先を失い、途絶えてしまうのである。麻疹ウイルスが生き延び続けるには、未感染のヒトが次々に現れる場所が必要になる。それはすなわち、人口密度の高い都市部である。麻疹ウイルスは、都市部の新たに生まれてくる子供に次々に感染することにより存続してきた。麻疹が全世界に広がっていったのは、近世になって都市が出現した後と考えられている。麻疹ウイルスが存続できる都市は、少なくとも二五万ないし五〇万人の規模と推定されている[20]。

麻疹は昔は大人の病気だった

麻疹は子供の病気とみなされている。それは、その高い伝播力のために大多数のヒトが子供のうちにかかってしまうからであって、大人がかかりにくい病気というわけではない。麻疹に免疫がなければ、大人も子供も同じようにかかる。むしろ大人の方が、症状が強くなりやすい。

大人の間で麻疹が流行した珍しい例として、麻疹がヨーロッパから初めて持ち込まれ、広がり始めていた一九世紀の北米の例がある。

一八六一年に始まった南北戦争では、兵士の間での麻疹の流行が大きな問題になった。当時、農村社会だった米国では、兵士の多くは田舎から集められていた。孤立した農村地帯には麻疹は常在して

＊　麻疹と天然痘は区別が困難だった。この天平九年の疫病については、明治時代の終わりに、医学史の先駆者富士川游が提唱した天然痘説が一般に受け入れられてきた。

いなかったため、多くの兵士が、兵営の中で初めて麻疹ウイルスに曝され、大問題になった。

当時はワクチンなどなかったため、残酷な手段が採られた。新規入隊者はまず、予備キャンプで一定期間一緒に生活し、麻疹の流行を生き延びた兵士が援軍として派遣されたのである。麻疹による死亡率は五%、合併症による死亡率は二〇%を超えた。[21]『風と共に去りぬ』では、スカーレット・オハラが、夫チャールズ・ハミルトンが北軍との戦いに出る前の準備期間中のキャンプで麻疹にかかって死亡したことを「勇敢にたたかって花と散ってくれたのなら、自慢もできたろうけど」と嘆く描写がある。

南北戦争で死亡した兵士のうち、実に三分の二は感染症によるものだったという。たとえば、北軍では七万六〇〇〇人以上が麻疹にかかり、五〇〇〇人以上が死亡した。このように大きな被害をもたらした原因は、農村地帯で麻疹に曝される機会の少なかった若者たちが集団生活を行ったためだった。その後、都市化が進み、大人が免疫を持つ者ばかりになると、子供のうちに麻疹にかかる機会が増えて、麻疹は小児病に変身していったのである。[22]

先進国からの排除

麻疹ウイルスはヒトだけに感染する。しかも一種類のワクチンで確実に予防できる。そこで、天然痘ウイルスの場合と同じように、ワクチン接種の普及により根絶できると考えられた。一九九〇年、国連本部で「子どものための世界サミット」が開かれ、麻疹ワクチンの接種率を二〇〇〇年までに九〇％に高めることが決定され、麻疹の根絶を目指して世界各地域での「排除」の目標が設定されることになった。

ここで言う「排除」とは、ワクチン接種により国内での病気の発生がなくなったものの、海外では発生が続いているため、ワクチン接種を続ける必要がある状態を指す。すべての国と地域で排除が達成され、ワクチン接種の必要がなくなった状態が「根絶」である。これまでに根絶が達成されたのは、天然痘と牛疫だけである。

なおウイルスの国内での「排除」を確認するには、海外で麻疹に感染して帰国するヒトが持ち込む麻疹ウイルスと、自国内で流行している麻疹ウイルスを区別する必要がある。しかし、麻疹の排除計画が立てられた時点ではまだその手段はなかった。ところが幸運なことに、「子どもサミット」が開かれたちょうどその年、予研の小船富美夫が麻疹ウイルスを容易に分離できる細胞系「Ｂ９５ａ」の作出を報告した。* この細胞はそれまで麻疹ウイルスの分離に用いていた細胞の一万倍もの高い効率で麻疹ウイルスを分離できるため、麻疹が発生した場合、すぐに原因ウイルスが土着のウイルスか輸入されたウイルスかを区別できるようになった。[20] 二〇〇三年、ＷＨＯは「広大な面積と十分な人口が存在する地域に麻疹ウイルスが常在的に伝播しなくなり、海外から持ち込まれても、伝播は持続しない

＊　小船は、筆者が一九六五年に予研麻疹ウイルス部で研究を始めた際の最初の研究室員で、当時から患者のサンプルからの麻疹ウイルス分離を試みていた。そして二〇年以上あとに、この細胞に出会った。

状態」を「麻疹の排除」と定義した。

その後、麻疹は多くの先進国で排除され、日本でも二〇一五年に「麻疹の排除」がＷＨＯにより確認された。日本では現在も麻疹が発生しているが、これまでのところ、すべて海外から持ち込まれたウイルスによるものである。

二〇〇〇年には全世界で五四万四〇〇〇人が麻疹で死亡していたが、排除計画の進展により、二〇一三年の死亡者は七五％減の一四万六〇〇〇人、二〇一六年には九万人に減少した。かなりの成果があったとみなせるが、麻疹は少し油断するとすぐに広がってしまう病気である。日本でも毎年、一〇〇人以上が麻疹を発症している。また、とくに欧州三〇ヶ国（ＥＵ加盟国と経済協定を結んでいる国）では、麻疹発生は二〇一六年には史上最低の約五〇〇〇人だったのが、二〇一七年には、一万四〇〇〇人あまりと急増している。根絶への見通しはまだ立っていない。

なぜ半世紀前のワクチンが効くのか

インフルエンザの流行を予防するには、常に変異し続けているウイルスに合わせて、毎年、新たなワクチンを製造する必要がある。それとは対照的に、麻疹の排除計画に使われているワクチンは、半世紀以上前に分離されたウイルスの毒性を弱めたものが使われ続けている。天然痘ウイルスとは違い、麻疹ウイルスはインフルエンザウイルスと同じように変異を起こしているにもかかわらず、なぜ麻疹では同じタイプのワクチンが麻疹ウイルスに対して効果を示しているのだろうか。

き明かされつつある。

九州大学の柳雄介と国立感染症研究所の竹田誠の共同研究チームによる最近の研究で、この謎が解き明かされつつある。

ウイルス感染は、細胞表面にある受容体への結合から始まる。ウイルスと受容体の関係は、鍵と鍵穴に例えられる。ウイルス粒子表面にある、細胞表面の受容体と結合する領域が「鍵」であり、細胞の受容体が「鍵穴」に相当する。「鍵」と「鍵穴」が合うと、ウイルスは細胞に取り込まれ、感染が起こる。これに対し、ワクチンにより免疫系が産生する中和抗体は、ウイルス粒子表面の特定の部分に結合することで、ウイルスが細胞に感染するのを阻止する。

もしウイルスの変異が中和抗体との結合部分に起きると、ワクチンにより産生された中和抗体はこの変異ウイルスに結合できない。つまり、ワクチンが効かなくなる。共同研究チームは、麻疹ウイルスの場合、中和抗体が効かない変異ウイルスは細胞表面の受容体にも結合できなくなることを発見した。つまり、ワクチンが効かない麻疹ウイルスは、出現はするものの細胞に感染できず、増殖しない。結局、ワクチンが効く麻疹ウイルスだけが増殖することになる。このような理由から、麻疹は一種類のワクチンで排除できるというわけである。[23]

牛疫——史上最悪の伝染病

牛疫は、英語やドイツ語でリンダーペスト（Rinderpest, ウシのペスト）と呼ばれ、その名のとおり、ペストに匹敵する大きな影響を世界史に与えてきた。たとえば四〇〇〇年前のパピルスには、牛疫と考えられるウシの病気について記されている。旧約聖書には、出エジプトの原因の一つである「第五の災禍」として牛疫の発生を示唆する記述がある。

牛疫ウイルスは麻疹ウイルスの祖先と考えられている。その起源ははっきりとはわかっていないが、最近の研究では、コウモリが保有するウイルスだったと推定されている。[24] 牛疫ウイルスは、アジアから中東にかけて生息していた野生種の原牛（オーロックス）が約一万年前に家畜化され、群れで飼育されるようになったことがきっかけで出現した。おそらく、コウモリから家畜ウシに祖先ウイルスが感染し、さらに家畜ウシの集団の中で広がる間に致死的な牛疫ウイルスに進化したのだろう。

牛疫ウイルスは、多くの品種のウシで致死率七〇％以上という激しい毒性を示す。ところが、ハンガリーからモンゴルにかけての高原地帯で飼育されるグレイ・ステップ牛（灰色牛）は牛疫ウイルスに抵抗性を持っていて、症状をほとんど出すことなく、数ヶ月にわたってウイルスを排出し続ける。そのため、牛疫ウイルスは灰色牛と共存してきたと推測されている。歴史的に見ても、記録に残る中世の牛疫は、ほとんどが中央アジアを起源として発生していた。

〝生物兵器〟としての牛疫、〝獣医学の母〟としての牛疫

牛疫ウイルスと共存していた灰色牛は、ウイルスの保管庫として機能していた。一二三六年以降、モンゴルの軍隊は、中央アジアの草原からロシアを通って東ヨーロッパに侵入した。その後も数回にわたってモンゴル軍は侵入を繰り返し、ユーラシア大陸に領土を拡大していった。その際モンゴルの

軍隊は、物資の輸送役として、また食糧として灰色牛を連れていた。呼吸器で増える麻疹ウイルスと異なり、牛疫ウイルスは腸管のリンパ組織で増殖し、糞便とともにウイルスが排泄され、それに接触することで感染が広がる。灰色牛は通過する国々で牛疫ウイルスをまき散らし、農耕での重要な労働力であるウシを全滅させていったために、国力の低下をもたらした。灰色牛はモンゴル軍の事実上の生物兵器になっていたと言えるだろう。

また、一八八八年から九七年にかけて、アフリカ全土を巻き込んだ牛疫の大きな流行が起きた。ケニアでは、ウシに依存して生活していた遊牧民のマサイ族が牛疫による大打撃を受けて戦意を失い、そこに乗じて英国の植民地化が進んだと言われている。南西アフリカでも同様の社会混乱が起き、ドイツによる植民地化が加速した[25]。

一方、牛疫は「獣医学」という新たな学問分野を生み出した。一七一一年、ローマ法王の領地の近くで牛疫が発生した際、法王の侍医のジョバンニ・マリア・ランチシは、法王の領地へ牛疫が広がるのを阻止するために病牛の殺処分をはじめとするきびしい対策を提言し、発生の広がりを阻止した。これが、現在、口蹄疫やトリインフルエンザで行われている殺処分の最初である。

その後、ヨーロッパ各地で広がった牛疫がきっかけになって、一七六一年フランス・リヨンに世界初の獣医学校が設立され、それとともに獣医師という職業が生まれた。一八世紀のヨーロッパでは、二億頭のウシが牛疫で死亡したと伝えられている。

図 17 外国流行伝染病予防法．絵は牛疫で死んだ牛を燃やしている様子
（画像提供　内藤記念くすり博物館）

わが国初の伝染病予防法

日本の古書を振り返ると、元禄一〇年（一六九七）に出版された『本朝食鑑』（当時の食物の百科事典に類する本）に、「「多智（たち）」と呼ばれるウシの伝染病が国中に広がる。これが牛疫である」という内容が記されている。また、慶長八年（一六〇三）に日本イエズス会が刊行した『日葡（にっぽ）辞書（*Vocabulario da Lingoa de Iapam*）』に、「多智はウシのペストに似た病気」という記述があることから、牛疫は慶長年間には発生していたと推測される。その後、寛永一五年（一六三八）、つづいて寛文一二年（一六七二）に牛疫の大きな発生があったことが、獣医史研究者の岸浩により明らかにされている。

明治三年（一八七〇）、西洋医術が正

式に認可されると、その翌年にはシベリアで流行している牛疫が侵入する危険性が伝えられ、牛疫は明治政府が最初に対応を迫られた海外伝染病となった。そこで、急遽「外国流行伝染病予防法」が太政官から布告された（図17）。その内容は科学的ではなく、牛疫がヒトにも感染すると説明されていた。家畜だけでなくヒトも対象としたもので、わが国における最初の伝染病予防法と言える。

牛疫防止のための〝万里の長城〟

明治時代にしばしば起きた牛疫の流行は、政府が振興を図っていた畜産に大きな被害を及ぼしていた。主な侵入経路は中国・朝鮮半島経由だったため、一九一一年（韓国併合の翌年）、政府は釜山の広大な土地に牛疫血清製造所を設立して、侵入防止に取り組んだ。一九一七年、この研究所で蠣崎千晴が不活化ワクチンを開発した。これは世界初の牛疫ワクチンだった。

ワクチンという予防手段ができたことで、中国との国境一二〇〇キロにわたって幅二〇キロの免疫地帯を設ける計画が一九二二年に発足した。

一九三八年、獣疫血清製造所（旧牛疫血清製造所）の中村稕治が、牛疫ウイルスをウサギで三〇〇代以上継代して弱毒ワクチンを開発した。* このワクチンは、朝鮮牛や和牛では強い副作用があったた

* 一九二八年、インドで英国のジェームズ・エドワーズがヤギで継代した弱毒牛疫ワクチンを開発しており、中村ワクチンはこれにつぐものだった。

め、中村は免疫血清とワクチンを同時に接種する方式を考案して、免疫地帯でのワクチン接種を始めた。一九四四年からは大規模接種が行われ、国境のウシのほとんどに接種が行われたところで、終戦を迎え、牛疫に対する「万里の長城」計画は終わった。(25)

アジア、中東、アフリカに拡大した撲滅計画

終戦後、釜山の家畜衛生研究所（元・獣疫血清製造所）では、同研究所の職員だった金鐘禧が臨時の所長に就任した。翌一九四六年、北朝鮮臨時人民委員会農林畜産部からの依頼を受けて、彼は中村ワクチンを平壌に送ったため、北朝鮮に協力したとして追放され、のちに金日成総合大学教授となった。(26) 国際獣疫事務局（ＯＩＥ）の記録では、北朝鮮の牛疫は一九四八年に撲滅されたと書かれている。*

同じ頃、中華民国では、前述のモンゴルの場合と同様にトラックを実験室として中村ワクチンを接種したウサギからワクチンが現地で製造され、接種が行われた。この現地生産によるワクチン接種は、中華民国政府が人民解放軍に敗れて台北に移った一九四九年まで続けられた。(27)

一方、満州では、奉天獣疫研究所が中村ワクチンを用いてモンゴルとの国境に免疫地帯の構築をしようとしていた。終戦で全所員が帰国することになったあとも、人民解放軍の依頼で氏家八良ら数名の専門家が残留し、新たに設立された「東北獣医科学研究所」で業務を再開した。そして入手が困難だったウサギの代わりにヒツジに中村ワクチンを順化させた。この研究は新中国の第一回科学賞の一つに選ばれ、中国の牛疫はこのワクチンで撲滅された。この研究所は現在、農業科学院ハルビン獣医

研究所になっている。[25]

一九四八年、ケニア・ナイロビで牛疫に関するFAOの会議が開かれた。敗戦国の日本は出席できなかったが、中国代表が中村ワクチンを紹介して、初めて国際的にその有効性が広く認知された。FAOはアジア、中東、アフリカ各国に中村ワクチンを配布した。アフリカではそれまでエドワーズワクチンが用いられていたが、副作用は中村ワクチンの方が低かったため、エドワーズワクチンに代わって広く用いられた。

一方、帰国して日本生物科学研究所を設立した中村は、ウサギのワクチンをニワトリ胚に順化して、毒性をさらに低下させ、免疫血清なしで単独使用できるワクチンを開発した。ウサギのワクチン、ニワトリ胚のワクチンの両方で、アジアや中東の主な国の牛疫は撲滅され、清浄国となった。

最先端のウイルス学でウイルスを追いつめる

病原ウイルスのうち、撲滅に成功したのは牛疫と天然痘だけである。ヒトだけに感染する天然痘とは違い、家畜としてのウシ以外の野生動物も宿主とする牛疫を撲滅するには、優れたワクチンだけではなく、ウイルスの感染源を推測する技術の進歩が必要だった。

＊　麻疹の場合の「排除」に相当するが、家畜伝染病では排除という用語は使われていないため、本書では「撲滅」として区別している。

一九六〇年代半ば、筆者は予研に新設された麻疹ウイルス部で麻疹の発病の仕組みを知るためにサルに麻疹ウイルスを接種する実験を行っていたが、期待したような病気はサルでは起きなかった。そこで、麻疹ウイルスと同じ仲間で、しかもウサギで致死的感染を起こす牛疫ウイルスを取り上げることにし、中村稕治から彼のワクチンウイルスを分与してもらった。当時、牛疫ウイルスの研究は、ウサギかウシの腎臓の培養細胞で行われており、実験のたびにウシの腎臓を食肉処理場までもらいに行かなければならなかった。そこで、樹立されてまもないヴェーロ（Vero）細胞*に中村ワクチンを接種してみたところ、非常によく増殖することを発見し、ウシの腎臓に頼らない、培養細胞のみによる牛疫ウイルスの実験系を確立した。この成果により牛疫ウイルスの研究は急速に進展した。

その頃、アフリカ、西アジア、南アジアでは、英国のウォルター・プローライトがウシの腎臓細胞で植え継いで毒性を弱めた生ワクチンを用いて、牛疫の撲滅作戦が独自に始められていた。一九九四年、ＦＡＯは、これらの撲滅作戦をまとめた世界的牛疫根絶計画を発足させた。ウシの腎臓細胞で製造したプローライトワクチンは品質がばらついており、さらにウシ由来のほかのウイルスが混入するおそれもあった。そこで、ワクチンの製造はヴェーロ細胞に切り替えられ、その結果、安定した品質で、力価も一〇〇倍以上高いワクチンが供給されるようになった(25)。

牛疫ウイルスは、ウシだけではなく、キリン、イボイノシシ、エランド、クーズーや野牛など、多くの野生動物にも感染する。アフリカで八〇〇〇万頭を越えるウシにワクチンが接種された段階で、牛疫ウイルスは一旦は撲滅されたとみなされて記念切手まで発行された。しかし、ワクチン接種ができない野生動物に残っていたウイルスから、ふたたび牛疫が広がる事態が起きていた。

わずかにでもウイルスを持つ個体が残っていれば、やがて増えてくる免疫を持たない個体に感染が広がってしまう。これまでのワクチンだけに頼る戦略では不十分なことが明らかになったため、OIEの専門家会議が牛疫フリーを確認する手順を詳しく定めた。なおOIEは、口蹄疫やBSE（ウシ海綿状脳症）などについても、家畜伝染病の清浄国の確認を行っている。

牛疫を撲滅するには、ウイルスが自然界のどこに残っているのかを推定する技術が必要だった。英国動物衛生研究所のトーマス・バレットは、遺伝子解析により、世界各地で分離された牛疫ウイルスを、アジア系列、アフリカ第一系列、アフリカ第二系列に分類した。これにより、牛疫の発生が見つかると、ウイルスがどこから持ち込まれたかを調べれば、残されたウイルスの所在が推測できるようになった。一方、同じ研究所のJ・アンダーソンは、野外で使用できる迅速抗体測定法を開発した。これにより、野生動物でも涙を採取して一〇分後には抗体を検出できるようになった。この二つの技術が、家畜だけではなく野生動物も標的にした根絶作戦の強力な武器になった。

家畜のウシでの牛疫は完全になくなり、野生動物での牛疫ウイルスの発生も、二〇〇一年九月ケニ

＊　千葉大学の安村美博がポリオウイルス研究用にミドリザルの腎臓から樹立した細胞株。彼はこれを、傾倒していたエスペラント語で「緑」をあらわすVerdaと「腎臓」を指すRenoを組み合わせてVeroと命名した。一方でこの名前には、エスペラント語で「真理」の意味がある。

アの国立公園で野牛において発見されたのが最後となった。それから一〇年間に渡り調査が続けられ、牛疫の発生が皆無だったことから、二〇一一年、ＦＡＯとＯＩＥは牛疫の根絶を宣言した。天然痘は、最後の患者発生から三年後に根絶宣言が発表されたが、牛疫では根絶宣言までに一〇年という長い年月がかかった。それは、最後の相手が野生動物だったためである。

牛疫は、天然痘についで根絶されたウイルス感染症である。牛疫の根絶は、古典的ワクチンにより根絶された天然痘とは対照的に、二〇世紀半ばからの半世紀にわたるワクチン開発とウイルス学の進展に支えられていたと言える。

天然痘、麻疹、牛疫のような、高い伝播力・致死率の病気を起こすウイルスは、宿主の生物が高密度に集まっている環境でなければ存続できない。その意味でこれらの病は、都市化や畜産業の発展などへ舵を切った人類の宿痾と言える。今後もさらに人口が増え続ける以上、毒性の高い病原ウイルスが出現するリスクはさらに高まっていくだろう。

ナチュラリストとしてのジェンナー

一八世紀のヨーロッパでは、自然界の動物、植物、鉱物などをさまざまな観点から記述するナチュラル・ヒストリー（自然誌、または博物学）の研究が最盛期だった。また、一七三五年にカール・リンネが出版した『自然の体系』で、それまで長々と記載していた生物名を二つの単語で示す二分類法が提唱されたことで、大きな転換期を迎えつつあった。ジェンナーは、まさに自然誌が生物学に進展しようとしていた時代を生きていた。

外科医ジョン・ハンターは当時を代表する自然誌研究者（ナチュラリスト）で、ジェンナーの恩師として有名である。ジェンナーは彼から医学だけではなく自然誌についても多くを学び、また共に研究していた。

その成果の一つに、キャプテン・クックのエンデバー号が持ち帰った植物の分類がある。一七七一年、エンデバー号が三年に及ぶ第一回航海から帰国した際、同行した植物学者のジョセフ・バンクス*は多数の貴重な標本を持ち帰った。この標本は、ハンターの推薦によりジェンナーに託され、リンネの分類に従って整理された。その成果が素晴らしかったので、ジェンナーは次の航海にナチュラリストとして参加するよう要請されたという。彼はその依頼を断ったが、生涯を通じてバンクスと交友を深めていた。

ナチュラリストとしてのジェンナーのもっとも有名な成果は、カッコウの托卵の習性を明らかにしたことである。当時、カッコウが、ヨーロッパカヤクグリ（イワヒバリの一種）、ハクセキレイ、タヒバリ、キアオジなどのいくつかのトリに卵を抱かせることはすでに知られていた。その理由として、アリストテレスが紀元前四世紀に提唱した、カッコウが自分よりも小さなトリの卵を食べて自分の卵を抱かせるという説や、カッコウの胃の形がほかの鳥と異なっているために卵を抱くことができないという説が信じられていた。ジェンナーはまず、カッコウを解剖して胃の形には異常がないことを確認した。そして彼は、カッコウが卵を産みつけたカヤクグリの巣を見やすいように藪の端まで移して、卵が孵化するまでの様子を詳細に観察した結果、カッコウの雛は、孵化するとすぐにカヤクグリの雛や卵を巣の外に放り出すことに気がついた。カッコウの雛を解剖してみると、二つの羽の間に勾配があり、異物を持ち上げやすい形状になっていた。

カヤクグリの雛を放り出して巣を占領する犯人がカッコウの雛であるという発見は、鳥類の托卵行動を初めて示した画期的なものだったが、多くのナチュラリストは受け入れようとしなかった。ジェンナーの結論が正しかったことは、一九二一年、動画が撮影されて初めて証明された。

カッコウの托卵に関する論文は、一七八八年に英国王立協会でハンターにより発表された。その翌年、ジェンナーは王立協会会員に選ばれ、また一七九八年にはリンネ協会の会員にも選出されている。自然誌の研究者としてさまざまな業績が評価されていたと言えよう。[4] そして言うまでもなく、ジェンナーのナチュラリストとしての最大の業績は、種痘の開発である。

ガン細胞を麻疹ウイルスで溶解する

麻疹ワクチンは毒性を弱めたウイルスを用いたもので、半世紀にわたって世界中の子供たちに接種されてきた。この弱毒の麻疹ウイルスが感染した細胞を破壊する能力を利用した、新しいガン治療法の開発が急速に進展している。

麻疹ウイルスによるガン治療の可能性は、一九七一年にすでに示唆されていた。イタリアでは、リンパ性白血病の治療を受けていた二人の患者が麻疹にかかったあと症状が軽快し、四、五年後も生存していた。[28] ポーランドでも、三人のホジキンリンパ腫の子供が麻疹にかかったあと症状が軽快したことが相次いで観察されていた。[29]

一九九一年、遺伝子の改変によりガン細胞を溶解するヘルペスウイルスが作出され、ウイルスによるガン治療の可能性が示された。しかし、その成果がすぐに麻疹ウイルスによるガン治療に結びついたわけではなかった。ヘルペスウイルスの遺伝子はＤＮＡが担っているので、組換えＤＮＡ技

＊（一八三頁）英国王立協会の会長を四一年にわたって務めた。王立植物園（キューガーデン）は、彼が園長を務めた時期に拡大した。

術で容易に改変できるが、麻疹ウイルスの遺伝子はRNAが担っている。そのため「一旦相補的なDNAに転写して遺伝子を改変し、このDNAをふたたびRNAに転写して感染性のあるウイルスを回収する」という複雑な手順を踏まなければならない。逆遺伝学（リバースジェネティックス）*と呼ばれるこの技術が考案され、ガン治療用麻疹ウイルスが開発されるようになったのは二一世紀になってからのことだった。

東京大学医科学研究所の甲斐知恵子らは、乳ガンを初め、肺ガン、大腸ガン、膵臓ガンなどを標的としたガン溶解性麻疹ウイルスを開発して、臨床試験に向けて研究を進めている。[30] 米国メイヨー・クリニックのスティーブン・ラッセルらは、多発性骨髄腫と卵巣ガンについて臨床試験を始めている。[31] 大きな被害をもたらしてきた麻疹ウイルスが、「毒をもって毒を制する」の発想にもとづく新しいガン治療法として姿を変えようとしているのである。

日の目を見なかった組換え牛疫ワクチン

一九八〇年代初め、筆者が東京大学医科学研究所で牛疫ウイルスの遺伝子解析を行っていた頃、FAOによる牛疫根絶計画が進んでいた。主な発生地域は、アフリカ、インド、パキスタンである。これらの地域は天然痘根絶計画の最後の標的になったところで、冷蔵保管・輸送システムが不十分だったために耐熱性天然痘ワクチンが威力を発揮した場所である。

同じ頃、天然痘ワクチン（ワクチニアウイルス）に外来遺伝子を組み込んだベクターワクチンの技術が開発された。幸い日本には橋爪壮が開発した第三世代の弱毒ワクチンがあった。そこで、筆者は杉本正信（国立予防衛生研究所時代の同僚）、小原恭子（現鹿児島大学）らと共同で、一九八五年から牛疫ウイルスのエンベロープ遺伝子をワクチニアウイルスに組み込んだ牛疫ワクチンの開発を始めた。できあがったワクチンは四五℃で一ヶ月は保存可能という高い耐熱性を有しており、ウサギでの実験では、致死的感染に対して防御効果を発揮していた。

さらに、このワクチンが産生するのはエンベロープタンパク質に対する抗体だけなので、ウイルス粒子内部タンパク質に対する抗体が産生される自然感染と区別できた。そのため、根絶作戦の最終段階で発生が見られなくなってからも、マーカーワクチン（一一章で紹介）として使用できるという利点があった。

一九八八年、FAOの南アジア牛疫撲滅作戦会議でこの組換え牛疫ワクチンの成績を発表したところ、座長のインド獣医学研究所長P・N・バートが興味を持ち、彼から共同研究を申し込まれた。この研究所は一九世紀に英国が設立したもので、ウシでの牛疫実験についてもっとも豊富な実績

＊　従来の遺伝学は、生物の表現型からどのような遺伝子が関わっているかを特定している。これに対し、逆遺伝学は、特定の遺伝子を導入して表現型がどのように変わるかを調べるものである。この名称は、RNAウイルスの遺伝子改変技術にも用いられている。

を持っていた。組換えワクチンの接種実験は満足できる成績で、種痘の皮膚病変以外の副作用はなく、しかも、強毒の牛疫ウイルスによる攻撃に完全に耐えた。

当時、カリフォルニア大学ティルハン・イルマと英国動物衛生研究所トーマス・バレットが同様の組換え牛疫ワクチンを開発していた。そこで一九八九年、国際獣疫事務局（OIE）で専門家会議が開かれ、三つのワクチンが比較検討された。その結果、筆者らのワクチンだけが野外で使用しても安全と認められた。

バレットは筆者らに協力することになった。彼の研究所はOIEの牛疫レファレンス・センターになっており、牛疫や口蹄疫のための隔離実験室が設置されている。ここでウシでの効果が詳細に調べられた。一九九五年には、一回のワクチン接種から三年後に強毒ウイルスを接種しても発病せず、長期間の免疫が得られることが確認された。後は野外で実際にウシへの接種実験を行うのみとなった。

牛疫の被害に悩まされていたインド獣医学研究所とケニア国立農業研究所から、それぞれ野外試験の実施が申しこまれた。ところが、発展途上国と対等の立場で行う野外試験に対する資金援助のシステムが日本になかったため、国際協力事業団（JICA）の技術移転の予算を申請することになった。この場合、現地政府から正式に日本の外務省に申請をしてもらう必要がある。筆者が協力してそれぞれの研究所で申請書類を作成したものの、外交ルートを通じての申請は現地の研究者には重荷だったため、日本政府に提出されず、ワクチンが日の目を見ることはなかった。[25]

第10章　ヒトの体内に潜むウイルスたち

多くのウイルスは、外部からやってきて宿主に感染すると、すぐに増殖して病気を起こす。そして大部分はいずれ体外に追いやられる。体外に出たウイルスはほとんどが死に絶え、一部が次の宿主にふたたび感染する。

その一方で、われわれの体内には、われわれが気づかぬうちに静かに感染し、そのまま潜伏し続けているウイルスがいる。

これらのウイルスは、時折、体内で増殖して病気を起こすが、基本的には病気を起こさずにわれわれと共存している。実は最近、このようなウイルスが膨大な量存在していることが明らかになりつつある。その大部分はいまだ正体不明だが、一部はただ潜伏しているだけではないかもしれない。たとえば、ウイルスが原因とは考えられていなかったガンなどの病気を起こすウイルスや、逆にヒトの健康に寄与しているウイルスが含まれている可能性がある。

これらのウイルスは、激しい症状を起こして次々に感染を広げていく天然痘ウイルスや麻疹ウイルスに比べると、非常に生存に長けている。ウイルスと言えば病気を起こすものと思いがちであるが、どのウイルスもただ生存し、機会があれば増殖しているだけであり、宿主に起きる病気はその副産物にすぎない。これらの静かなウイルスたちはそのことに思い至らせる存在と言える。人体内に隠れているウイルスの世界を覗いてみたい。

再発を繰り返す単純ヘルペスウイルス

ヒトの体内に潜伏しているウイルスの一つに、単純ヘルペスウイルスがある。このウイルスには二つのタイプがある。口の周りに焼け付くような痛みを伴う小さな水疱が現れるヘルペスは、神経に潜んでいる1型単純ヘルペスウイルスが原因である。別名「熱の華」または「風邪の華」と呼ばれ、風邪などの発熱が引き金になることが多い。

水疱の中には大量のウイルスが含まれていて、同じコップの使用やキスなどでウイルスが移る。つまり、直接または間接的な接触により感染が広がる。このウイルスは世界中のほとんどのヒトに感染している。

一方、2型単純ヘルペスウイルスは、性行為の際に粘膜から感染し、局所に潰瘍ができる。これは「性器ヘルペス」と呼ばれ、日本では性器クラミジア感染症の次に多い性感染症である（平成二九年、厚生労働省の統計より）。日本では約一〇％、欧米では約二〇％のヒトが感染している。

われわれは何か症状が出た時にウイルスに感染したと思いがちだが、ヘルペスは潜伏していたウイルスが何かのきっかけで活動を始めることで発症する。1型ウイルスには、ほとんどのヒトが子供の時に感染する。その時は症状が軽く気がつかないことも多い。増殖したヘルペスウイルスは、神経線維を通って神経細胞に運ばれて、側頭部にある三叉神経節（神経が束になった組織。眼神経、上顎神経、下顎神経に分かれている）に棲みつく。ここで、ウイルスは増殖することなく潜んでいる。

神経細胞の中では、ウイルスDNAが眠ったままの状態に置かれ、ウイルスタンパク質は産生されない。そこへ、紫外線、ストレス、月経、ホルモン異常などの刺激が加わると、ウイルスタンパク質が産生され、ウイルスが増殖を始める。そして三叉神経を通って上皮細胞に運ばれ、そこに水疱を形成する。これがいわゆるヘルペスの再発で、もっとも多いのは唇の粘膜でウイルスが増殖して起きる口唇ヘルペスである。なおウイルスが眼神経を伝わって角膜ヘルペスを起こしたり、脳に到達してヘルペス脳炎を起こしたりすることもある。

2型ウイルスは、感染後、腰椎の一番下の仙骨にある神経節に入り込んで、1型ウイルスと同じように潜伏する。そして、ストレス、紫外線などの刺激で、眠っていたウイルスが増殖を始めると、性器粘膜に潰瘍が再発する。

単純ヘルペスウイルスは、いつ、どのようにしてヒトの体内に潜伏するようになったのだろうか。これまでにも紹介してきたように、ヘルペスウイルスは数億年も前から生物とともに進化してきた。そしてある時、単純ヘルペスウイルスはチンパンジーからヒトに移ってきたと考えられている。しかし、チンパンジーには単純ヘルペスウイルスは一つのタイプしか見つかっていないため、ヒトで1型と2型のウイルスがどのようにして生まれたのか、古くからウイルス学上の問題になっていた。

ウイルスのゲノムの比較から推定した系統樹によると、約七〇〇万年前にヒト科のヒト亜族とチンパンジー亜族が共通祖先から分かれた際、初期のヒトには1型しか存在していなかったようだ。また2型は、三〇〇万年から一四〇万年前、チンパンジー亜族から現生人類ホモ・サピエンスの祖先に移ってきたと推測されている。[1]

2型の侵入は、どんな状況で起きたのだろうか。二〇一七年、アフリカの熱帯雨林で見つかった三〇〇万年前のヒト科の化石の分布を考古学的に解析した結果、まず、ヒト亜族の一つでヒト属とは別系統のパラントロプスがチンパンジーから2型ウイルスに感染し、それがホモ・サピエンスの祖先(おそらくホモ・エレクトス)に伝わったという仮説が提唱された。つまり、2型ウイルスは現在のチンパンジーの祖先からパラントロプスを介してヒトの祖先に感染したというシナリオである。[2]

その際、ヒトの祖先はすでに1型ウイルスに感染していた。先住者がいたため、2型ウイルスは、性器に住処を見つけたのではないかと考えられている。

潜伏する水痘ウイルスが帯状疱疹を起こす

水痘は「水疱瘡」という別名が示すように全身に天然痘(疱瘡)に似た激しい発疹が出現するウイルス感染症である。

水痘ウイルス*は、感染するとまず水疱瘡を起こす。水痘の病変が体全体に現れることから、水痘ウイルスは脳脊髄のあらゆる神経節に侵入すると考えられている。解剖例からは、水痘ウイルスのDNAが、膝、内耳、三叉、頸部、胸部、仙骨などの神経節で見つかっている。主に頭と頸の周りの神経節に限局している1型単純ヘルペスウイルスと異なり、全身の感覚神経節に潜伏するのである[3]。

水痘ウイルスの生存戦略は、高い感染力と潜伏、そして再発である。水痘ウイルスはヘルペスウイルス科の一種だが、接触感染する1型単純ヘルペスウイルスと異なり、主に空気感染で容易に広がる。そのため、小児医療施設のように多数の小児が収容されている場所では水痘の感染が急速に広がる。そして水痘から回復しても、水痘ウイルスは体外に排出されずに潜伏し、数十年後、加齢による免疫力の低下などで再発する。その病名は水痘ではなく「帯状疱疹」となる。

帯状疱疹は、免疫力の低下などをきっかけに水痘ウイルスが増殖を始め、感覚神経に沿って、胴体、顔、頭、四肢などの皮膚で増殖して潰瘍病変が作られる病気である。なお、四谷怪談のお岩は顔面に発生した重症の帯状疱疹をモデルにしたものと推測されている。

水痘と帯状疱疹の関連については、一八八八年にブダペストの小児科教授ジェームス・ボーカイが報告した。彼は、帯状疱疹の患者に接触していた子どもが水痘になった五つの症例を報告し、「水痘の未知の感染性物質がある条件下で全身性の発疹でなく帯状疱疹の症状を示すかどうか、疑問を提示

＊　正式名称は、水痘・帯状疱疹ウイルスである。本書では、便宜上、俗称の水痘ウイルスを用いている。

したい」と述べていた。彼の一元論は、一九二五年、ウイーンの医師が帯状疱疹の患者の水疱液を水痘にかかったことのない子供に接種したところ、水痘のような発疹が出現し、周囲の子供にも広がったことで裏付けられた[4]。

帯状疱疹の水疱の中にはウイルスが含まれていて、これが感染源となって子供に水痘を起こす。この水痘→帯状疱疹→水痘という伝播様式により、水痘ウイルスはヒトがまだ小さな集団だった時代から数千年にわたって受け継がれてきたと推測されている。このことを裏付ける例が、南大西洋に浮かぶ孤島トリスタンダクーニャで見られる。この島の人口は約二〇〇人で、水痘が発生するのは大人に帯状疱疹が起きた後に限られている[5]。未感染のヒトに次々に感染し続けないと生存できない天然痘ウイルスや麻疹ウイルスに対し、単純ヘルペスウイルスや水痘ウイルスは非常に生存に長けていると言えるだろう。

最初に発見されたヒトのガンウイルス

ある潜伏ウイルスが、さまざまな病気に関わっていることが明らかになりつつある。

英国人外科医デニス・バーキットは、アフリカ・ウガンダの子供たちの間で、上あごからときには眼窩まで腫れあがる腫瘍が多発していることに注目し、一九五八年に発表した。これはリンパ細胞が異常増殖するガンで、「バーキットリンパ腫」と名付けられた。

たまたま一九六一年にバーキット医師の報告を聞いた病理学者アンソニー・エプスタインは、ウイルスが原因と直感し、バーキットから腫瘍の細胞を送ってもらい、助手のイヴォンヌ・バーと電子顕微鏡で検査した。その結果、ヘルペスウイルスに似たウイルスを発見した。そろってヘルペスウイルス研究の第一人者であるワーナー・ヘンレとガートルード・ヘンレの夫妻は、このウイルスをエプスタイン・バー（EB）ウイルスと命名し*、リンパ腫の原因ウイルスであることを証明した。

これは、最初に発見されたヒトのガンウイルスであった[6]。EBウイルスは、バーキットリンパ腫だけでなく、上咽頭ガン、ホジキン病などのリンパ性ガンや胃ガンの原因につながっている。全世界で、毎年二〇万例近いガンがEBウイルスにより発生していると推定されている。

一九六八年、ヘンレ夫妻がEBウイルスの実験を行っていた際に、一人の女性技術員が喉の痛み、発熱、リンパ節の腫れといった症状を伴う「伝染性単核球症」と呼ばれる病気にかかった。この病名は、血液中のリンパ球（単核細胞）の数が著しく増加し、核の形に異常が見られることに由来するもので、大学生などの若者が多くかかる。驚いたことに、発病に伴い、彼女の血清中でEBウイルスの抗体価が上昇していた。そこで大学生たちを数年にわたって調査した結果、EBウイルスは、ガンだけではなく、それまで原因不明だった伝染性単核球症の病原体であることが確かめられた[7]。

＊　ヒトウイルスの名前には病名が用いられる習慣がある。病名がないウイルスの場合には、発見された地名を用いることが多い。ノロウイルスはその一例である。国際ウイルス分類委員会のリストにあるウイルスのうち、分離した研究者の名前が付けられているヒトウイルスはEBウイルスだけである。

ＥＢウイルスもまた、多くのヒトの体内に潜伏しているウイルスである。このウイルスに子供が感染した場合は、風邪のような症状だけで治る。思春期以後に感染すると、約半数のヒトが伝染性単核球症を発症する。日本では二〜三歳までに七〇％くらいが感染し、二〇歳くらいまでに九〇％以上が感染する。欧米では乳幼児期の感染は少なく、成人になって感染する例が多いため、伝染性単核球症を発症することが多い。なお、伝染性単核球症は、キスにより唾液中のウイルスに感染することから、欧米では一般に「キス病」と呼ばれている。

ＥＢウイルスは、唾液を介して感染し、最初に喉の上皮細胞で増殖したあと、巧妙な生存戦略により終生体内に潜伏する。まずＥＢウイルスは、喉の扁桃などのリンパ組織内の小型のＢリンパ球に感染する。このＢリンパ球は休止期の細胞で、ウイルスや細菌などの抗原からの刺激があると分裂を始めて大型のリンパ芽球と呼ばれる形態になり、抗体を産生する。外界に曝されている扁桃などは、抗原の刺激を常時受けているため、小型リンパ球の分裂が絶え間なく起きている。待機状態の小型リンパ球の中に潜伏しているＥＢウイルスは、分裂する細胞内で増殖を始め、上皮細胞に感染する。その結果、ウイルスが唾液に排出される。さまざまな細菌やウイルスが侵入するほどＢリンパ球の分裂が促され、そこに潜伏しているＥＢウイルスの増殖を助けることになる。つまり、ＥＢウイルスはＢリンパ球に潜伏しながら、分裂し続けるＢリンパ球とともに増殖しては唾液中に排出され、ほかのヒトに伝播されていくのである[8]。

しかも、Ｂリンパ球に感染したＥＢウイルスはおとなしく眠っているだけではない。ＥＢウイルスに感染すると、代表的な自己免疫疾患である全身性エリテマトーデスを発症するリスクが五〇倍以上高くなることが一九九〇年代終わりには報告されていた。二〇一八年、米国シンシナティ小児病院メディカルセンターの研究グループは、ＥＢウイルスの遺伝子発現の引き金となるウイルスタンパク質の一つ、ＥＢＮＡ2が、全身性エリテマトーデスをはじめ、リウマチ関節炎、多発性硬化症、潰瘍性大腸炎、糖尿病など、七種類の自己免疫病のリスクを著しく高めている可能性を報告した(9)。この報告が正しければ、ＥＢウイルスワクチンの開発により、多くの自己免疫疾患の予防にもつながるかもしれない。

ＨＩＶを抱える健康者

ヒト免疫不全ウイルス（ＨＩＶ）は、治療法の発展により、毒性の高いウイルスから潜伏ウイルスへと姿を変えつつある。

エイズの原因となるＨＩＶは、最初から毒性の強いウイルスだったわけではない。まず二〇世紀初めに、アフリカ・カメルーンの熱帯雨林で、チンパンジーが保有するサル免疫不全ウイルスが種を越えてヒトに感染した。その後数十年間、ウイルスは緩やかな流行を維持できる最低限の速度でヒトの間を伝播し続けていた。ヒトからヒトに感染しはじめた当初は、重い病気を起こすことなく、異性間での性交渉により伝播していた。しかし継代が繰り返されている間に進化して、毒性が増加した。そして一九八〇年代初め、北米やヨーロッパで、九〇％以上の致死率を示すエイズがその姿を現したの

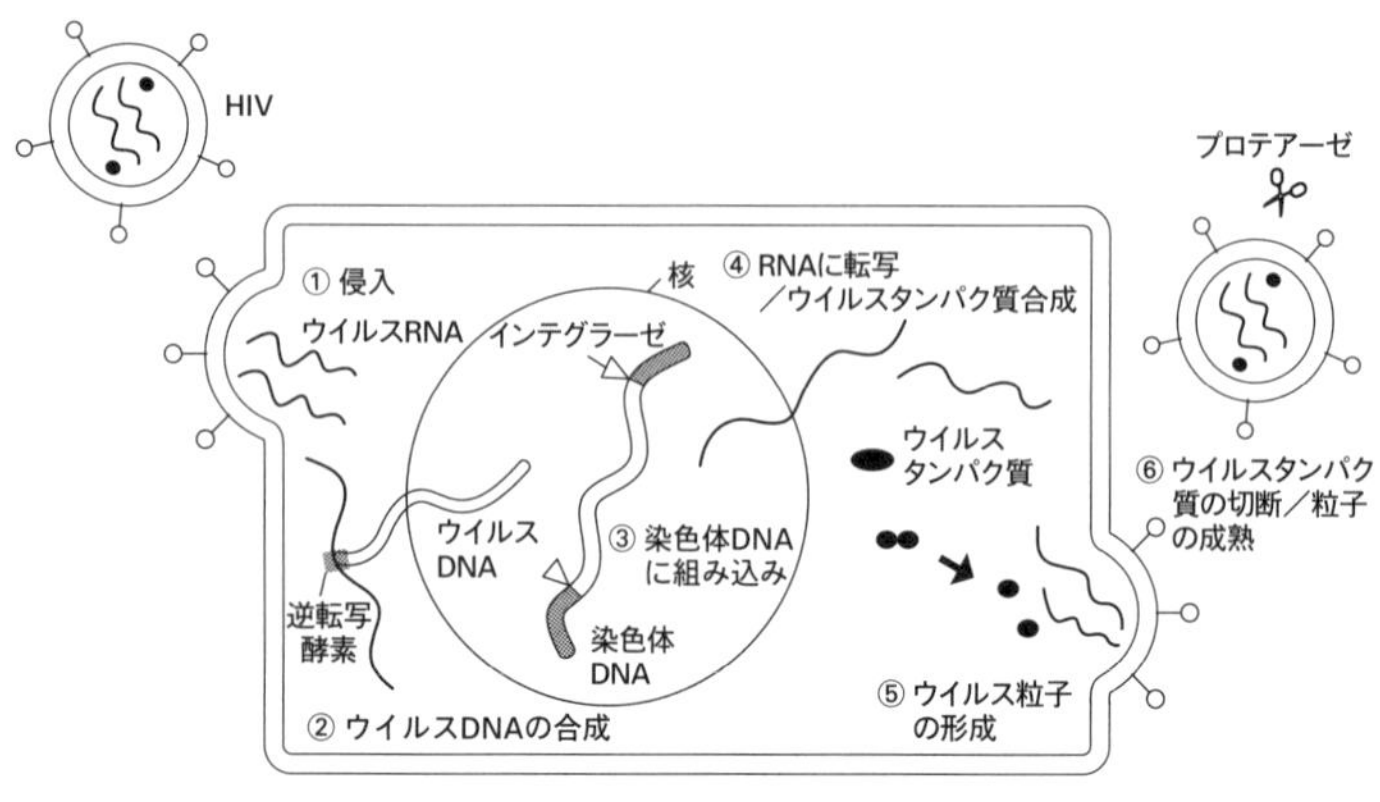

図 18 HIV の増殖の仕組み

である。

エイズは急速に広がり、二〇世紀の終わりには、HIVの感染者は三三〇〇万人、流行が始まって以来のエイズによる死亡者は一四〇〇万人と推定された[10]。

一九九六年から、抗レトロウイルス療法が始まった。これは、**図18**のようなHIVの巧妙な増殖の仕組みを阻害することを目指して開発されたものである。

HIVはまず、細胞に侵入してタンパク質の殻（カプシド）を脱ぎ捨て、ウイルスRNAだけの存在になる。これが逆転写酵素によりDNAに転写されて、インテグラーゼと呼ばれる酵素で染色体DNAに組み込まれる。このウイルス由来のDNAが転写されてウイルスRNAが複製され、同時にウイルスRNAからウイルスタンパク質が翻訳・合成される。それらが一緒になってウイルス粒子が形成され、細胞外に放出される。このウイルス粒子から、余分のタンパク質がプロテアーゼ（タンパク質分解酵素）により切り取られて、成熟ウイルス粒子となって、感染を起こす。

このプロセスのどこかを止めれば、ウイルスの増殖を抑えることができる。そこで、ウイルスの増殖のさまざまな段階を阻止する薬剤が開発されてきた。現在は、逆転写酵素阻害剤、インテグラーゼ阻害剤、またはプロテアーゼ阻害剤を適宜に組み合わせたものが用いられている。

この療法の導入により、エイズの発病が抑えられるようになり、死亡者数が減少しはじめた。世界一九五ヶ国におけるエイズの死亡者数は、二〇〇五年に一八〇万人に達したあと、二〇一五年には一二〇万人に低下している。その一方で、新規のＨＩＶ感染者数は、一九九七年の年間約三三〇万人をピークとして、二〇〇五年に二六〇万人まで減少した後、横ばいになっている。つまり、ＨＩＶに感染してもエイズを発症して死ぬことはなくなりつつあり、一方で毎年、新しい感染者が生まれ続けている。その結果、ＨＩＶに感染している健康者の数は、一九九六年終わりの推定二三〇〇万人から、二〇一五年には三八八〇万人に達した(11)。

この療法で用いられる抗ＨＩＶ薬は、薬剤耐性ウイルスの問題を抱えている。ＨＩＶは絶えず変異しているため、感染しているウイルスに効果のある薬を投与し、定期的にウイルスの薬剤耐性を調べる必要がある。耐性ウイルスに効果的な新しい薬の開発も活発に行われており、日本では、三〇種類くらいの抗ＨＩＶ薬が用いられている。

しかし、エイズが多発している開発途上国で薬剤耐性を監視することは容易ではない。成人の二〇％近くがＨＩＶに感染している南アフリカでは、二〇〇四年以来、抗ＨＩＶ薬が無料で提供されており、現在では七〇〇万人の感染者の約半数が服用している。これは世界最大規模の計画と言われている。しかし、その一方で薬剤耐性検査はほとんど行われておらず、二、三種類の薬だけが投与されている[12]。

国連合同エイズ計画では、「迅速対応（ファーストトラック）」として「二〇三〇年までにエイズの流行を終結させる」ことを目指している。迅速対応の目標は「九〇－九〇－九〇」と要約される。これは、まず二〇二〇年の時点で、世界中のＨＩＶ陽性者の九〇％が検査を受けて自分がＨＩＶ感染者であることを自覚し、そのうちの九〇％が抗ＨＩＶ薬による治療を受け、さらにそのうちの九〇％で体内のウイルスが検出されなくなる状態を指している。さらに二〇三〇年に向け「九五－九五－九五」を目標としている。

これは、逆算すると、二〇二〇年には八一％の感染者が治療を受け、七三％が血中にウイルスを排出しなくなり、二〇三〇年には八六％が血中のウイルスが陰性になって、他の人に感染を移すおそれもなくなっている必要がある。しかし二〇一六年の時点では、血中のウイルスが陰性になった感染者は四四％に留まっている。さらにこの計画が達成されても、二〇二〇年には年間の新規感染者は五〇万人、二〇三〇年には二〇万人になると推定されている。

この計画が達成されれば、新規感染者数は年々低下するため、エイズは公衆衛生上の脅威ではなくなるかもしれない。しかし、抗ＨＩＶ薬は、ウイルスの増殖は抑えることはできるものの染色体に潜んだウイルスを消すことはできない。抗レトロウイルス療法は、ＨＩＶを潜伏させ続ける治療法と言える。ＨＩＶに感染してもエイズを発症することなく健康な生活が送れるようになる一方で、ＨＩＶを生涯保有するヒトはますます増えることが予想される[13]。

薬を適切に使うことで、ＨＩＶをヒトの体内に潜伏させることが可能になった。このような形で存続しているうちに、ＨＩＶは、チンパンジーと共生するサル免疫不全ウイルスのように、おとなしいウイルスに進化するかもしれない。

人体内の暗黒物質——ヒトヴァイローム

ヒトの体の中には、ヘルペスウイルスなどの限られた種類のウイルスを除けば、ウイルスはほとんど存在していないとみなされてきた。ところが、前述のメタゲノム解析が人体にも応用されるようになって、ヴァイローム（virome, オームはギリシア語で「すべて」を意味する）と呼ばれるウイルス集団が発見された。この未知のウイルス集団への関心は年々高まってきている。

メタゲノム解析による海洋ウイルスの実態を研究していた海洋微生物学者たちが、海洋ウイルスでの経験をヒトの腸内のヴァイローム研究に応用しはじめている。ヒトで胃腸炎の原因になるウイルスの多くがＲＮＡウイルスであることは知られていたが、健康なヒトの腸内のウイルスは、まったくのブラックボックスだった。

ヒトの糞便中のＲＮＡウイルスに焦点をあてた解析では、ピーマンに感染する植物ウイルスがもっとも多く発見され、乾燥糞便一グラム中に一〇億個に達するウイルス粒子が検出された。このウイルスは、北米とアジア大陸に住むヒトで見つかったことから、世界に広く存在すると推測されている。これは食物とともに入り込んだと考えられているが、ピーマンなどへの感染性を保有していることから、ヒトが植物の病原ウイルスを広げる役割を果たしている可能性も指摘されている。[14]

DNAウイルスの解析からは、健康なヒトの腸内に膨大な数のファージが生息することがわかってきた。腸内には一〇〇兆を超す細菌が生息しているが、その数十倍のファージが存在すると推定されている。ファージの種類の分布には、世界規模で共通した傾向が見られる。一方、潰瘍性大腸炎など、消化器の病気にかかっているヒトの場合は、その共通した傾向からの逸脱が見られる。このことから、ファージが腸内細菌のバランスを維持することでヒトの健康に役立っている可能性が考えられている。[15]

ウイルスは体表にも常在している。健康な男女から、一ヶ月にわたって皮膚の拭い液を採取してウイルス様粒子を精製し、メタゲノム解析を行ったところ、皮膚のヴァイロームの組成には個人差があり、また同一人物でも一ヶ月の間に明らかな変化が見られた。多くのヒトで、パピローマウイルスとポリオーマウイルスなどが存在していた。この二つのウイルスは、かつては同じグループに分類されていたもので、皮膚のいぼやガン（パピローマウイルスは子宮頸ガン、ポリオーマウイルスは皮膚ガン）の原因にもなる。典型的な尻尾のあるファージも検出されたが、九〇％以上は未知のものだった。同定できたファージの中には、表皮ブドウ球菌やプロピオニバクテリウム（通称ニキビ菌と呼ばれる細菌などが含まれる）に感染するものがあった。皮膚には一兆に達する皮膚常在菌が生息しており、多くは、皮膚の美容や健康の維持に役立っている。ファージは間接的にこれらの役割を支えている可能性性があると考えられている。[16]

腸内は、皮膚の表面と同様に体の外であると考えることもできる。それでは、無菌であると考えられている本当の体内にも膨大な未知のウイルスが潜伏しているのだろうか。感染症にかかっていないとみなされた八〇〇〇名あまりの血液をメタゲノム解析で調べた結果では、四二%のヒトで一九種類のウイルスが見つかった。とくに多かったのはヘルペスウイルスのグループだった。[17]このほか、口腔、呼吸器、泌尿器、生殖器などの部位でもヴァイロームの探索が報告されてきている。

ヒトに生息するこれらのウイルスは、どのような役割を果たしているのだろうか。腸粘膜の代わりに、容易に観察できる歯茎の粘膜について、そこに存在するファージを蛍光色素で染めて蛍光顕微鏡で数えたところ、細菌の四〇倍ものファージが見つかった。ファージと細菌の比率を粘膜以外の上皮組織のそれと比較すると、四倍以上に相当した。粘膜は、その下にある上皮組織から分泌される糖タンパク質ムチンで覆われている。そこにファージが付着していて、微生物の侵入を阻止している可能性が考えられている。[18]

ヴァイロームの本格的な研究が始まってからまだ一〇年ほどしか経っていない。今後、われわれの体内のウイルスが、われわれの健康や病気に果たす役割が明らかになっていくと期待されている。

第11章　激動の環境を生きるウイルス

第二次世界大戦後、世界はめざましい発展を遂げてきた。その反面で、都市化や人口増加により環境破壊や温暖化が進み、大きく変動している世界にわれわれは生きている。そしてヒトだけでなく、食糧源としての家畜、伴侶動物としてのペットの環境も激変した。その結果、それらに寄生するウイルスもまた、その増殖の場を乱されている。

二〇世紀後半、急速な人口増加による食糧の需要に対応するために、効率化された養豚場や養鶏場などの大規模で過密な動物社会が生まれた。それは、野生環境とはかけ離れていた。ブタやニワトリのウイルスは、この激しい環境の変化に曝され、適応し、巧妙な生存戦略で新しい増殖の場を作り上げている。イヌもまたペットとして人間社会の一員となり、ウイルスに曝されている。また、医学研究の進展により自然界では決して出会うことのない複数の種類のサルを一緒に飼育する場が作り出された。そこは、皮肉にも新しい病原ウイルスを生み出す場となっている。

二〇世紀後半、ウイルスは三〇億年にわたるその生命史上初めて、激動の環境に直面することになった。現代社会を生き抜くウイルスの姿の一端を眺めてみたい。

大規模養豚産業が生んだＰＲＲＳウイルス

一九八七年、米国のブタの間で、それまでに見たことのない病気が広がっていることが明らかになった。子ブタでは肺炎や発育不全が、大人のブタでは呼吸困難や肺炎の症状が見られた。妊娠ブタの早産や死産、離乳ブタの死亡といった繁殖障害も多く認められた。同じ頃、遠く離れた中央ヨーロッパでも同じようなブタの病気が広がっていた。この病気は、死亡した離乳ブタにチアノーゼ（皮膚や粘膜が青紫色になった状態）が見られることから「ブルーイヤー病」と、また原因不明であることから「ミステリー病」と呼ばれていた。

病気の原因ウイルスは、まず一九九一年にオランダで分離され、翌一九九二年に米国でも分離された。そしてその年に米国で開かれた国際会議で「豚繁殖・呼吸障害症候群（ＰＲＲＳ）ウイルス」と命名された。どちらもアルテリウイルス科に属するウイルスだが、遺伝子構造にかなりの違いがあることがわかり、現在では、ヨーロッパのウイルスは1型、米国のウイルスは2型と呼ばれている。

ウイルスが特定されたことにより、保存されている過去の血清を用いて病気の出現時期をより正確に特定できるようになった。一九八〇年代半ばに採取したブタの血清に、このウイルスに対する抗体があるかどうかを調べた結果、米国アイオワ州では一九八五年、米国ミネソタ州では一九八六年、旧東ドイツでは一九八八年から八九年にかけて初めて抗体が出現していたことがわかった。つまり、PRRSウイルスはヨーロッパと米国でほぼ同時期に出現していた。

ウイルスは世界各国に急速に広がっていった。日本でも、一九九四年に当時「ヘコヘコ病」と呼ばれていた病気のブタからウイルスが分離された。二〇〇六年以降、中国とベトナムでもウイルスが見つかり、高熱を伴う激しい症状を示した。その致死率は、二〇%から一〇〇%に達した[1]。PRRSウイルスは養豚産業に大きな経済的打撃を与えており、米国では年間約五億六〇〇〇万ドル（六二〇億円）、日本では二八〇億円の損失がもたらされていると推定されている[1][2]。

PRRSウイルスの起源には謎があった。ヨーロッパのウイルスと北米のウイルスが引き起こす症状はよく似ているが、ゲノムの塩基配列の約四〇%に大きな違いが見られる。なぜ、ほぼ同時期に出現した病気の原因ウイルスに、これほど大きな違いがあるのだろうか。

PRRSウイルスは、同じアルテリウイルス科に属するマウスの乳酸脱水素酵素（LDH）ウイルスと近縁なため、LDHウイルスが起源ではないかと疑われている。LDHウイルスは、実験中のマウス血液中のLDHの量が増加していたことをきっかけに、一九六〇年に発見されたウイルスである。野ネズミに広く感染しており、無症状のまま終生感染している。

LDHウイルスの専門家でミネソタ大学名誉教授のピーター・プレイジマンは、遺伝子の系統樹の解析と歴史的事実から、イノシシが野ネズミからLDHウイルスに感染した結果、PRRSウイルスが生まれたという仮説を提唱している。実際、ヨーロッパで初めてPRRSウイルスが検出された旧東ドイツでは、野生のイノシシでもPRRSウイルスの感染が見つかっている。また、一九一二年、一四頭のイノシシが旧東ドイツから米国南東部のノースカロライナ州に狩猟用として輸出されていた。プレイジマンは、このイノシシの中にPRRSウイルスの祖先に感染した個体がいたと推測した上で、その後七〇年にわたって、ヨーロッパと米国でウイルスは別々に進化して1型と2型に分岐し、それぞれ次第に毒性を増していって、同時期に病気として出現したと説明している。[3]

〝ブタの過密都市〟と〝ウイルスの隠れた国際流通〟

PRRSウイルスが生まれた背景を理解するためには、人間が作り上げてきたブタ社会の実態を知る必要がある。ブタは、人類が約九〇〇〇年前にアナトリア（現在のトルコ）と東アジアで別々にイノシシを家畜化することで生まれた。まもなく、ブタ肉は岩塩と混ぜるとハムやベーコンとして保存できることがわかり、ブタの飼育が広がった。

養豚産業は、半世紀ほど前から急速に大規模化しはじめた。豚肉輸出量が世界一の米国の例を眺めてみよう。北米には、一五三九年、スペインの探検家エルナンド・デ・ソトが初めて一三頭のブタを持ち込んだ。三年後に彼が死亡した時には、ブタは七〇〇頭にまで増え、ここからアメリカの養豚産業が始まった。一九三〇年代から四〇年代にかけて冷蔵技術が普及すると、大企業との契約による集約的な生産形態へと転換していった。一九七〇年代半ば頃は、一〇〇万戸以上の農場で平均一〇〇頭以下のブタが飼育されていたが、農場の集約化が進んで大規模な農場へと置き換えられていき、一九九〇年代初めには、農場は約二〇万戸に減少した。一九九四年には、五万頭から五〇万頭を飼育する大農場が五七箇所、五〇万頭以上を飼育する巨大農場が九箇所になっていた。こうしてわずか二〇年間で、近代都市の人口に相当する大規模なブタ社会がいくつも誕生したのである。麻疹ウイルスが都市の誕生とともに急速に広がったのと同様に、ブタの間でも新しいウイルスが拡散するのに好都合な環境が整ったことになる。[4]

養豚場の大規模化は日本でも進んでいる。一九七〇年代初めには、四〇万戸あまりの農場で一戸当たり平均約一五頭が飼育されていたが、二〇〇〇年代には一万戸以下に集約され、各農場での飼育数は約一〇〇〇頭に増加している。

口蹄疫などの既知の家畜伝染病に対しては侵入防止対策が行われているが、新たに出現したウイルスに対する効果は期待できない。激しいヒトと物の国際的移動とともに、米国のPRRSウイルスは知らない間に日本にも持ち込まれ、養豚産業に大きな被害を及ぼしているのである。*

ヒト社会のペットに進出したパルボウイルス

一九七八年夏の終わり頃から、米国、オーストラリア、ヨーロッパ諸国、日本などで、子イヌが突然出血性腸炎になって急死する例が多数見つかりはじめ、愛犬家に大きな衝撃を与えた。米国コーネ

* ほかにも、サーコウイルスなど、いくつかの新しいブタのウイルスが世界中のブタの間で広がっている。

ル大学ベイカー研究所のマックス・アッペルにより、死亡したイヌの糞便から直径二五ナノメートルの小型のウイルスが分離された。これはパルボウイルスと呼ばれるウイルスの仲間で、すでにイヌではパルボウイルスが見つかっていたため*、2型イヌパルボウイルスと命名された。「パルボ」はラテン語で〝小さい〟を意味する。保存してあった過去のイヌ血清の抗体検査から、このウイルスは一九七六年以前には存在していなかったと推測されている。

2型イヌパルボウイルスは、イヌを伴っての海外旅行やイヌの輸入などにより、一～二年の間に世界中に広がり、その結果、数千頭のイヌが死亡した。あまりにも被害が大きかったため、「キラーウイルスがイヌを襲った」などとメディアやイヌの飼い主の間で大きな騒ぎが起きた。

2型イヌパルボウイルスはどこからやってきたのだろうか。このウイルスの遺伝子配列は、ネコがかかるネコ汎白血球減少症ウイルス（ネコパルボウイルスとも呼ばれる）とほとんど同じだった。そのため当時、イヌのジステンパーワクチンにネコのウイルスが混入したのではないかといった推測が生まれた。また、ネコに接種されているネコ汎白血球減少症ワクチンが生ワクチンであるため、ワクチンウイルスがネコから排出されてイヌに感染した可能性も指摘された。これらの仮説は、いずれも憶測の域を出なかった。

パルボウイルスは、タンパク質の殻（カプシド）に包まれたDNAウイルスで、きわめて抵抗性が強いことが特徴である。感染したイヌの糞便、吐物などに含まれるウイルスは、外界で半年から一年間も生存すると言われている。ほかのウイルスと違って、五〇℃程度の熱にも耐え、アルコールなどの消毒薬でも死なない。有効なのは次亜塩素酸ソーダである。そのため、イヌが集まる公園などで感染は容易に広がっていく。

2型パルボウイルスに感染したイヌの腸では、ネコ汎白血球減少症ウイルスに感染したネコの場合と同様の腸炎が見られ、また両ウイルスは抗原性が非常によく似ていた。そこで、ネコ汎白血球減少症ウイルスを用いた生ワクチンが開発され、一九七九年からイヌパルボウイルスの発生は抑えられていった。ところが、一九七九年から八〇年にかけて抗原性が変異したウイルスが世界各地で見つかるようになった（2a型）。一九八一年には、最初の2型ウイルスはすっかり姿を消した。一九八四年には、さらに変異したウイルスが見つかり（2b型）、現在までこのウイルスがイヌの間で感染を起こし続けている。

これらのウイルスの遺伝子を比較してみた結果、**図19**のような経路でウイルスが進化してきたと考えられている。ネコ汎白血球減少症ウイルスは一九〇〇年以前から存在していたが、これとほとんど同一の遺伝子構造のウイルスとして、アライグマパルボウイルスとホッキョクギツネパルボウイルスが存在する。そこで、一九〇〇年以前からネコ、アライグマ、ホッキョクギツネの間に、このウイルスが存在していたと考えられた。また、一九四〇年代にはこのウイルスに非常によく似たミンク腸炎ウイルスが米国でミンクから分離された。なお、当時、米国では三〇〇〇近いミンク農場で約一六万

＊　一九六七年に分離されイヌ微小ウイルスと呼ばれていたもの。現在は1型イヌパルボウイルスと呼ばれている。

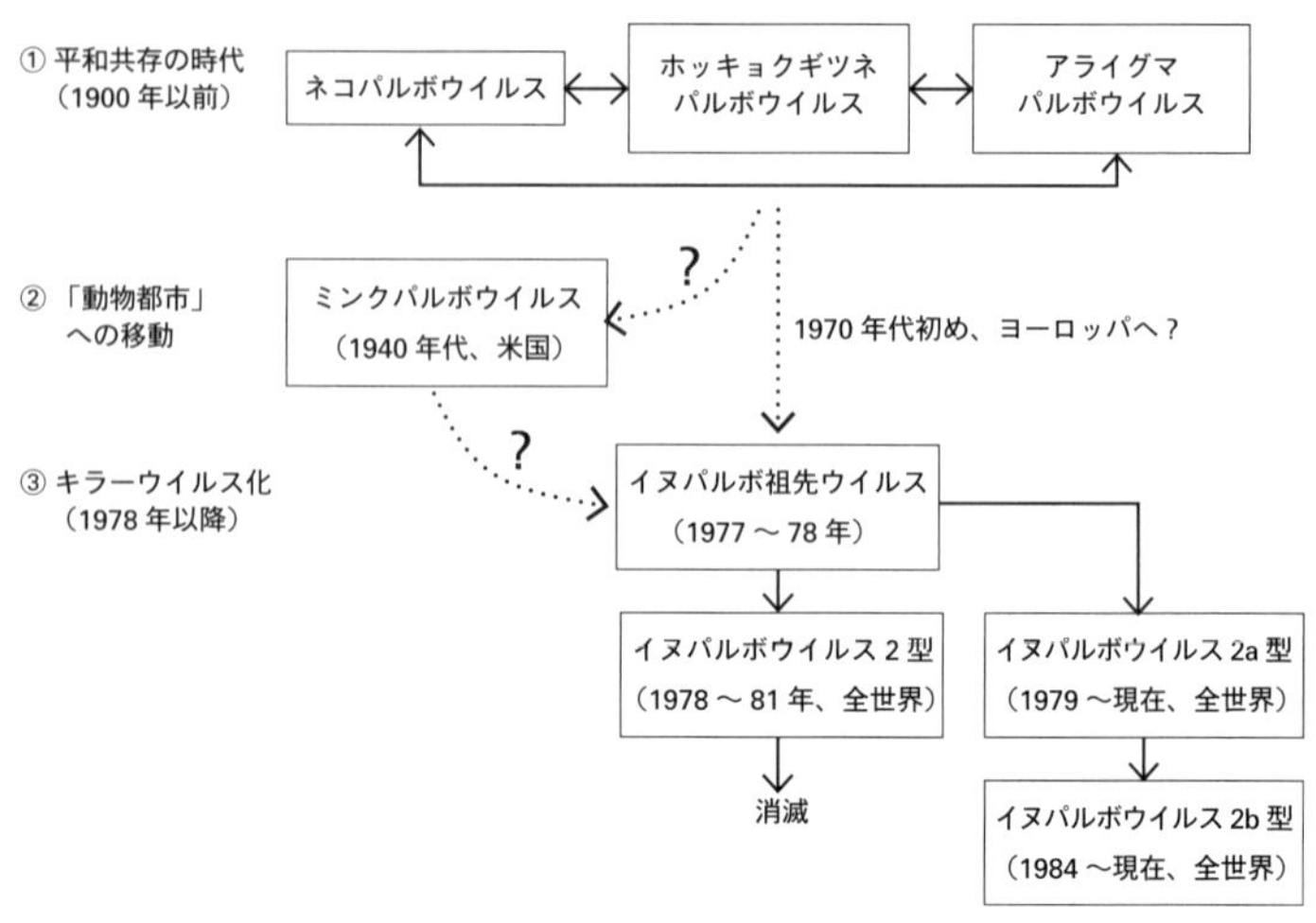

図 19 パルボウイルスの進化経路

匹のミンクが毛皮用に飼育されていた（現在はその一〇分の一に減っている）。

イヌパルボウイルスの祖先ウイルスは、上記の四種類の動物のウイルスのいずれかから一九七〇年代初期にヨーロッパで出現し、一九七七年から七八年にかけて世界中に広がり、2型に進化したと推測されている。2型ウイルスは、一九七八年から八一年にかけて猛威を振るい、八一年以後は消失した。一方、一九七八年から一九八〇年にかけて、同じ祖先ウイルスから2型ウイルスとアミノ酸が五、六個だけ違う新しいウイルス（2a型）が生まれ、これが2b型ウイルスに変異してイヌにすっかり順化したと考えられている。[5][6]

パルボウイルスはDNAウイルスであるが、一般的な二本鎖DNAウイルスと違って一本鎖であるため、変異が起きても相補する鎖がなく、修復されない。そのため、非常に変異を起こしやすい。

イヌという新しい宿主に順化するに従って、変異を繰り返してきたものと考えられる。イヌは、ヒトの伴侶動物としてヒトと同様に高密度に集まり、また広範囲に移動している。ウイルスは、世界中のイヌの間を移動しながら約一〇年という短期間に順化を遂げ、パンデミック（世界的流行）を引き起こしたのであろう。

研究室で出現したサルのエイズウイルス

一九六〇年代初め、米国国立衛生研究所（ＮＩＨ）は、附属施設として全米七箇所の大学に医学研究用の霊長類研究センターを設立した。カリフォルニア大学デイヴィス校のキャンパスには、カリフォルニア地域霊長類研究センター（ＣＲＰＲＣ）が併設され、さまざまな種類のサル二〇〇〇頭あまりが飼育されていた。

一九六九年から、ＣＲＰＲＣの屋外施設で飼育されていたアカゲザルの間でリンパ腫が相次いで発生し、発病したサルは一九七三年までに四四頭に増えた。リンパ腫のほかにトリ型結核菌感染やＴリンパ球の減少、機能低下などの免疫異常を示すサルも見つかったが、その原因は不明だった。

一〇年あまり後、カリフォルニアから遠く離れたハーバード大学のニューイングランド地域霊長類研究センター（ＮＥＲＰＲＣ）で飼育されていたアカゲザルでもリンパ腫が発生した。一九八五年、そのリンパ腫を別のアカゲザルに移植する実験の際に、一頭のサルの血液からレトロウイルスが分離された。ちょうどその二年前に、エイズの原因としてヒト免疫不全ウイルス（ＨＩＶ）が分離され、カカ属の省略)。

なぜ、管理された環境である研究所内で新たなウイルスが出現したのだろうか。まずリンパ腫のアカゲザルの由来を調べたところ、一九七〇年にカリフォルニアのＣＲＰＲＣから送られてきた五頭のうちの一頭とわかった。ほかの四頭は、到着後二年の間にトリ型結核菌の全身性感染やリンパ性疾患で死亡していた。そこで、このサルがＳＩＶｍａｃを持ち込み、それが気づかれないままＮＥＲＰＲＣのサルの間で広がっていったと推測された[7]。

このことからさかのぼって、一九六九年から一九七三年にカリフォルニアのＣＲＰＲＣで発生していたリンパ腫、結核、免疫不全といった症状もＳＩＶｍａｃの感染によるものだったと推測されている。これらの症状はエイズに非常によく似ていることから、アカゲザルのＳＩＶｍａｃはエイズのサル・モデルとなった。

では、ＳＩＶｍａｃはＣＲＰＲＣにどのようにして入り込んだのだろうか。ＣＲＰＲＣでは、一九六一年から六九年に一万一五〇〇頭のアカゲザルが飼育されていたが、それらの個体ではとくに異常は見られなかった。また、ＳＩＶｍａｃは、その遺伝子構造から、元々はアカゲザルのウイルスではなくアフリカ産のスーティマンガベイ(オナガザル科マンガベイ属)が保有しているウイルス(ＳＩＶｓｍ*)であることがわかった。なおこのウイルスは、自然宿主のスーティマンガベイでは病気を起こさない。アフリカ産のサルのウイルスが、どのような経路で研究所内のアジア産のサルに感染してエイズを起こすようになったのかは謎のままだった。

二〇〇六年、この謎に迫る見解が発表された。アフリカ産のスーティマンガベイのSIVがアジア産アカゲザルに伝播され、サルのエイズウイルスへと変貌する場を提供したのは、CRPRCで行われていたプリオン病の実験だったという思いがけない内容であった[8]。

この実験は、NIHの小児科医でウイルス研究者のカールトン・ガイジュセックが精力的に行っていたものである。彼は、一九六〇年代後半、パプアニューギニアの先住民の間で多発していた「クールー」と呼ばれる致死的な病気の患者の脳組織をチンパンジーに接種して、一年あまりの潜伏期の後に発病することを確かめ、この病気が伝達性であることを明らかにした。ついでクロイツフェルト・ヤコブ病も同様に伝達できることを示し、これらを伝達性海綿状脳症**と命名した。

チンパンジーを用いた実験には、その入手が困難であることや動物福祉の観点からの批判など、いろいろな制約があった。多くの種類のサルが飼育されている霊長類研究センターは、ガイジュセック

＊　HIVには二種類ある。世界的に広がっているHIVはチンパンジー由来のHIV－1で、HIV－2は西アフリカに限局して発生している。これはSIVsm由来である。

＊＊　「海綿状」は脳に多数の空胞が存在する状態で、「脳症」は麻痺など脳炎のような症状があるのに脳の組織には炎症が見られない病態を指す。この業績で、ガイジュセックは一九七六年にノーベル生理学・医学賞を与えられた。伝達性海綿状脳症は、現在はプリオン病と呼ばれている。

の実験にうってつけの場となり、さまざまな種のサルにクールーやクロイツフェルト・ヤコブ病患者の脳の乳剤が接種された。彼が用いたサルの数は約一五〇〇頭に達したと言われている。そのなかに、ＳＩＶｓｍの宿主であるスーティマンガベイも含まれていた。

アフリカで捕獲したスーティマンガベイからは、いくつもの遺伝子系列のＳＩＶｓｍが見つかっていたが、そのうちＣＲＰＲＣのスーティマンガベイから分離されたＳＩＶｓｍとアカゲザルのＳＩＶｍａｃは、塩基配列が九八％同一だった。スーティマンガベイからアカゲザルにウイルスが移ったことは間違いないと考えられる。ただし、実験的に接種されたのか、それとも接種材料に紛れ込んでいたのかはわからないままである。

なお、一九六〇年代にスーティマンガベイから分離されたＳＩＶｓｍは、アカゲザルに接種しても毒性はほとんど示さなかった。このことから、クールーのサンプルをアカゲザルで継代していた際に、ＳＩＶｓｍも同時に継代されていて、その間にエイズのような症状を引き起こす強毒のウイルスになったと推測されている。

チンパンジーのＳＩＶがＨＩＶに姿を変えた最大の要因は、人口増加に伴い、サルの生息地である熱帯雨林にヒトが侵入し、サルとヒトの接触機会が増加したことにある。そして、薬物注射、血液製剤注射、性行為など、さまざまな経路でウイルスがヒトの間で継代されて毒性を獲得したと考えられている。ここで紹介したプリオン病実験を介して起きたＳＩＶｓｍ→ＳＩＶｍａｃの進化は、ＳＩＶ→ＨＩＶの進化の縮図と言えよう。

家畜であれペットであれ、あるいは実験動物としてであれ、ヒト社会の中で、自然界とは異なり頻繁に接触が起きうる飼育環境を設けることは、ウイルスに新天地へと進出するチャンスを与えてしまうことを意味している。その最たる例であり、ヒトにも牙をむこうとしているのが、新型インフルエンザウイルスである。

養鶏が産み出す新型インフルエンザウイルス

高病原性トリインフルエンザウイルスの感染は、日本でも時々発生しており、大量のニワトリの殺処分が報道されている。「高病原性」とは、「七五％以上のニワトリを殺す強い毒性」を指した名称で、「トリインフルエンザ」という名が示す通り、ヒトに対する毒性ではない。なお高病原性トリインフルエンザは、二章で述べたように、最初は家禽ペストと呼ばれていた。

インフルエンザウイルス粒子の表面には、ヘマグルチニン（H）とノイラミニダーゼ（N）と呼ばれる二つのタンパク質が存在している。Hには一八の型、Nには一一の型があり、その組み合わせでウイルスは分類されている。普通、ヒトの間で流行しているのはH1N1で、高病原性トリインフルエンザウイルスはH5N1である。

このH5N1ウイルスが、ヒトの新型インフルエンザを引き起こすおそれがあるとして注目されている。その背景を眺めてみたい。

一九九七年五月、香港でH5N1ウイルスによるヒトの感染が初めて起こり、一八名の感染者が確認され、うち六名が死亡した。感染したウイルスは、前年に広東省で多数のガチョウの死亡をもたらしたウイルスと考えられている。香港政府は同年の一二月までに一五〇万羽以上のニワトリを殺処分し、流行は収まった。

その後も、このウイルスは中国のニワトリの間で散発していた。二〇〇三年終わりには、ベトナムで三名の死亡者が見つかった。二〇〇六年には、ニワトリのH5N1感染がアジア、ヨーロッパ、アフリカの六〇ヶ国以上に広がり、インドネシアでは、四五名の致死的感染が出た。この時、世界保健機関（WHO）は新型インフルエンザ発生のおそれがあるとして警戒レベルを「フェーズ4」に上げることを検討したが、パンデミックには至らず、引き上げは見送られた。その後もヒトでの致死的感染が散発しており、一九九七年五月から二〇一五年四月までに、九〇七人が発病し、その致死率は五〇％を越えている。しかし、ヒトからヒトに直接感染するウイルスにはなっていない*。

さまざまな宿主を渡り歩く巧妙な生存戦略

H5N1ウイルスは、野鳥のカモと家禽のアヒル・ニワトリを宿主にしており、各宿主はそれぞれがウイルスの維持と増殖に対し異なる役割を果たしている。その生存戦略は、現代社会でなければ不可能な、非常に巧妙なものと言える(9)。

野鳥のカモなどの水鳥は、インフルエンザウイルスの自然宿主である。多くの型のウイルスが見つかっており、インフルエンザウイルスの「貯蔵庫」と言ってよい。北海道大学の喜田宏らは、一九九一年から九四年にかけて、カモの繁殖期である夏にアラスカの湖沼で綿密な調査を行った。その結果、カモとインフルエンザウイルスの間に巧妙な共生関係が存在することが明らかになった。

インフルエンザウイルスは、ヒトでは呼吸器感染を起こすが、カモでは腸管で増殖する。ウイルスは、カモの腸管で短期間（約七日）だけ増殖して、湖の水中に糞便とともに排出され、その水を介した経口感染により広がっていく。秋にカモが南方へ飛び立ったあとも、ウイルスは凍結した湖で翌年まで生き続ける。

ウイルスは、このような腸管での急性感染では抗体の影響をほとんど受けないため、その抗原性は安定している。この急性感染と凍結保存というサイクルによって、インフルエンザウイルスは変異をほとんど起こさずに受け継がれていると考えられている[10]。

このようなカモとインフルエンザウイルスの共生関係はいつ頃から始まったのだろうか。二〇一八年に、インフルエンザウイルスは円口類のヌタウナギ**でも見つかり、生物の長い進化の過程で受け継

＊　H5N1ウイルスとは別に、H7N9ウイルスのヒトへの感染が二〇一三年三月から中国で起きている。二〇一八年九月までに一五六七人が感染し、少なくとも六一五人が死亡した。このウイルスは、元は低病原性だったが、ヘマグルチニンの遺伝子に変異がおきて高病原性に変化した。東京大学医科学研究所の河岡義裕らは、このウイルスが、フェレットの間で飛沫を介して致死的感染をひき起こすことを明らかにしている。WHOは、二〇一八年九月時点では、H7N9ウイルスがヒトからヒトに感染を起こす可能性は低いが、監視を強化すべきと提言している。

＊＊　かつてメクラウナギと呼ばれていたが、差別用語が含まれているため改名された。

がれてきたことが報告された[11]。鳥類と爬虫類の分岐よりもさらに一億年以上前に、カモの祖先とインフルエンザウイルスの共生が始まっていたのかもしれない。ともかく、非常に長い年月の共生関係の中で、カモはインフルエンザウイルスの貯蔵庫になったと言えよう。

野生のカモと平和共存していたウイルスが、なぜ家禽のニワトリに強い病原性を持つようになったのだろうか。二〇世紀終わりから起きはじめたH5N1ウイルスの流行の背景には、過去三〇年間の中国の急成長がある。食肉需要の急激な増加に応じて、中国ではニワトリとアヒルの飼育数が東アジアのほかの国をはるかに超えるペースで増加した。一九六一年に一〇〇万トン以下だった鶏肉の生産量は、二〇〇九年には一二〇〇万トンに、また一〇万トン以下だったアヒル肉の生産量は三〇〇万トンに増加した。強い症状を示さずにH5N1ウイルスをまき散らすアヒルの飼育数が増えることは、ニワトリへのウイルスの伝播と持続をつながっている[12]。

カモは秋には越冬のために南方へ渡る。中国では、約一四〇億羽のニワトリが主に放し飼いで飼育されており、同じ場所でアヒルも多数飼育されている。アヒルはカモが家畜化されたものなので、渡ってきたカモはアヒルの周辺に集まる。ここでカモからアヒルにインフルエンザウイルスが伝播される。そして、アヒルからニワトリにウイルスは受け渡されると考えられている。ニワトリにとってインフルエンザウイルスはなじみのない異物であるため、抗体が産生され、ウイルスを排除しようとする。ウイルスは抗体の選択圧の下、ニワトリの間で毒性を増していって、高確率で致死的感染を起こすようになる。そうなっても飼育されているニワトリの数は膨大なので、ウイルスの増殖の場となるニワトリの供給が絶えることはない。

Ｈ５Ｎ１ウイルスは、家禽のアヒルに対しては毒性が低く、ニワトリに対してのみ強い毒性を示す。二〇〇三年から二〇〇四年にかけて流行したウイルスをアヒルに接種してみると、ほとんど死亡することはなくアヒルからアヒルにウイルスが伝播された。[9] カモがウイルスの「安定貯蔵庫」だとするならば、アヒルはウイルスの「中継場所」、ニワトリは変異ウイルスの「開発工場」と言えるだろう。

中国では、約六〇％のニワトリが農村地帯の小さな農家の庭先で飼育されている。そして、市場では生きたニワトリが売買されている。そのため、ヒトとニワトリは絶えず接触することになる。カモの間で数千万年も平和に暮らしていたインフルエンザウイルスは、二〇世紀にカモ↓アヒル↓ニワトリ↓ヒトという思いがけない経路を見つけ、ヒトの新型インフルエンザウイルスに姿を変えようとしているのである。

現在、われわれの周囲に存在するウイルスの多くは、おそらく数百万年から数千万年にもわたって宿主生物と平和共存してきたものである。人間社会との遭遇は、ウイルスにとってはその長い歴史の中のほんの一コマにすぎない。しかし、わずか数十年の間に、ウイルスは人間社会の中でそれまでに経験したことのないさまざまなプレッシャーを受けるようになった。われわれにとっての激動の世界は、ウイルスにとっても同じなのである。

豚コレラ――すぐれたワクチンがありながら、なぜ殺処分されるのか？

二〇一八年九月、突然、岐阜で豚コレラの発生が見つかり、五〇〇頭あまりがすべて殺処分された。日本国内では、実に二六年ぶりの発生である。

筆者は一九五〇年代に北里研究所で不活化豚コレラワクチンの製造チームに参加していた。岐阜での発生のニュースを聞いて、毒性の強いウイルスを接種され、高熱を発して横たわっていたブタたちの姿がありありと目に浮かんできた。

豚コレラは、日本では明治二〇年（一八八七）に最初の発生が起こった。明治四一年（一九〇八）に沖縄と関東で起きた大発生では二万頭を超す被害をもたらし、終戦後も毎年五〇〇〇～二万五〇〇〇頭が発病するなど、長らく重大な家畜伝染病だった。

この病気は、近年は二六年間にわたり発生がなかったため、世間からすっかり忘れ去られていた。しかし豚コレラは、口蹄疫と同様に現在も厳重な侵入防止対策が立てられている海外伝染病である。岐阜の発生の経緯を見ると、このことが関係者の間でも忘れ去られていたようである。

豚コレラは、現代社会における人間、家畜、ウイルスの関係を改めて考えさせる事例と言える。まずは、どんな病気か紹介しよう。

豚コレラという病名は米国での呼び名（hog cholera）で、ドイツではブタペスト（Schweinepest）である。原因は、フラビウイルス科ペスチウイルス属のＲＮＡウイルスである。[*]ペスチはラテン語のペストに由来する。その名のとおりブタの致死的病気で、高熱、下痢、皮膚の点状出血などを起こす。「ブタのエボラ出血熱」とも言われている。ウイルスは野生のイノシシに潜んでおり、一九世紀からブタへの感染を起こしてきた。近代養豚においてブタの品種改良が進展するとともに豚コレラウイルスへのブタの感受性が高まっていき、養豚に大きな被害を与えるようになったと考えられている。冒頭でも述べたとおり、筆者は一九五〇年代に不活化豚コレラワクチンの製造チームにも参加していた。このワクチンは連合国軍総司令部（ＧＨＱ）の指示で導入されたもので、ウイルスが多量に含まれるブタの血液を薬剤で不活化していた。

日本におけるワクチンの開発は、昭和三三年（一九五八）に、家畜衛生試験場（現・農研機構動物衛生部門）の熊谷哲夫が培養細胞における豚コレラウイルスのユニークな性質を『サイエンス』誌に報告したことから始まった。この研究がきっかけになって、安全性、有効性ともにすぐれた生ワクチンが開発され、昭和四四年（一九六九）からワクチン接種が開始された。その後、豚コレラの発

＊　しばしば混同されるのが別のＤＮＡウイルスによるアフリカ豚コレラである。このウイルスの発生は、元々はアフリカに限られていたが、二一世紀にロシア周辺国へと広がり、二〇一八年八月中国で、東アジアでは初めて発生が確認された。学術名はそれぞれ、アフリカ豚コレラがAfrican swine fever、豚コレラはClassical swine feverである。

生は激減し、一九九二年熊本県での事例を最後に発生はなくなった。その後農林水産省は、一九九六年からワクチンを用いない防疫体制を目指して豚コレラ撲滅計画を推進しはじめた。なぜワクチンを用いないのか。ワクチンを接種した個体は、自然感染した個体との区別ができないため、ワクチンを接種している限りはウイルスが存在しないことを証明できないからである。そのため、二〇〇六年にはワクチン接種が完全に中止され、二〇〇七年に国際獣疫事務局（OIE）から豚コレラ清浄国に認定された。[13][14]

今回、岐阜での豚コレラの発生を受けて、日本の清浄国のステータス（地位）は中断され、日本からのブタ肉輸出は中止された。その後、さらに野生のイノシシからも感染が見つかった。かつての撲滅計画の最中、一九八二年にも、筑波山麓で一頭の瀕死のイノシシが豚コレラに感染していることが確認され、二五〇〇頭のイノシシでの抗体調査が行われたことがあった。清浄国への復帰の見通しは不透明である。

豚コレラウイルスは、豚肉などの畜産物の輸入、旅行者による畜産物の違法な持ち込みなどを介して侵入する。豚コレラウイルスの生存実験では、室温で二、三日、五℃の環境では数週間生きていた。冷凍肉では四年半生きていた例もある。日本で豚コレラが確認されるまでは、清浄国は三五ヶ国あり、アジアでは日本だけであった。今回分離されたウイルスの遺伝子構造は、二〇一四年にモンゴルで、また二〇一五年に中国でそれぞれ分離されたウイルスに良く似ている。つまり日本の養豚業は、実はきわめて危険な状態の下で、四半世紀を無事に過ごしてきたのである。

EUでの撲滅計画は、一九九〇年から始められた。その最中、一九九七年にオランダで豚コレラが発生した。当時、感染していたブタはごく一部とみなされていたにもかかわらず、九〇〇万頭のブタが殺処分され、直接的被害だけで二三億ドル（約二五〇〇億円）に上った。家畜福祉の観点から、このような無差別の殺処分を避けるため、OIE国際動物衛生規約には感染とワクチン接種を鑑別できるマーカーワクチン接種方式が選択肢として示されている。

自然感染では、ウイルス粒子の内部蛋白質に対する抗体が産生されるが、マーカーワクチンでは産生されない。そのため、自然感染による抗体とマーカーワクチンによる抗体を区別できる。つまり、清浄国で豚コレラが発生した際は、緊急ワクチン接種した後、内部蛋白質に対する抗体が陽性の動物だけを殺処分することにより清浄国に復帰できる訳である。

現在、マーカーワクチンとしては、EUで開発された二種のワクチンがある。[7]一つは、オランダで開発された豚コレラウイルスの被膜（エンベロープ）タンパク質だけのワクチンである。もう一つは、ドイツで開発されたもので、牛ウイルス性下痢症ウイルスの生ワクチンのエンベロープタンパク質を、豚コレラウイルスのエンベロープタンパク質に置き換えたキメラワクチンである。後者の二種のウイルスは、同じペスチウイルス属に属している。

このほかに、中国のC（Chinese）株ワクチンで、遺伝子構造の差を検出するPCR法（ポリメラーゼ連鎖反応）により、野外ウイルスとの鑑別が検討されている。[*]これは、一九五〇年代後半にハル

＊　九章で紹介したように、ハルビン獣医研究所は、設立当初からウサギに順化した牛疫の中村ワクチンを主要課題としていた。C株ワクチンは中村ワクチンにならって開発されたものと推測される。

ビン獣医研究所と中国獣医薬品観察局により開発されたウサギ順化生ワクチンで、世界各国で広く用いられており、二〇〇〇年代初めからは、EUで野生イノシシに対して、餌に混ぜて投与する対策が行われている。[15][16]

なお米国では、マーカーワクチンとしてドイツのキメラワクチンが、通常のワクチンとして中国のC株生ワクチンが備蓄されているという。

多くの国でウイルスが常在しているにもかかわらず、自国内にはウイルスが存在しないことを示して「清浄国」の認定を受け、貿易上の優位性を得るためにワクチンの接種を中断する。現代社会が生みだした養豚社会は、経済優先という、科学的には理解しがたい脆弱な基盤の上に成り立っているのである。

エピローグ

変幻自在なジカウイルスに迫る先端科学

二〇一五年四月、ブラジル北東部の大西洋に面したバイーア州で、インフルエンザのような症状のあと発疹や関節痛を起こす患者が約五〇〇〇人見つかった。患者たちは、遺伝子診断によりジカウイルスに感染していることが明らかになった。

同じ年の秋、新生児の間で小頭症が増加していることに注目が集まった。これらの子供の母親たちは妊娠初期にジカウイルスに感染していたため、小頭症はジカウイルス感染により起きたのではないかと推測された。二〇一六年一月、世界保健機関（ＷＨＯ）はジカウイルスのブラジルでの感染者が五〇〇万人から一五〇〇万人に達した可能性があると発表した。またブラジル保健省は小頭症の総計が三五三〇例に上ることを発表した。これらの発表を受け、翌二月、ＷＨＯは「国際的に懸念される公衆衛生上の緊急事態」との声明を発表した。

ジカウイルスは、きわめて巧妙な生存戦略で数百万年もひっそりとアフリカの森林で生き続け、そして突然、ヒトの胎児に襲いかかった。ジカウイルスに対して、二一世紀に著しく進展してきたウイルス学、ワクチン学、ゲノム科学は、これまでの感染症対策とは比較にならない速さで対応してきた。先端科学はどこまでジカウイルスを追いつめているのだろうか。

たった一個のアミノ酸の変異で変身？

一九四七年、米国ロックフェラー研究所の黄熱調査チームが、東アフリカのウガンダ、エンテベ郊外のジカという森で、黄熱の分布を調べるためのおとり動物として、数頭のアカゲザルを檻に入れておいた。するとそのうちの一頭が発熱し、その血液からウイルスが分離された。それは黄熱ウイルスではなく新しいウイルスだったため、一九五二年にジカウイルスと名付けられた。

ジカウイルスは、ヒトにも感染するが八割は無症状で終わり、二割くらいのヒトに発熱、発疹、頭痛、結膜炎、筋肉痛、関節痛など、いわゆるジカ熱の症状が起きる。症状は軽く、普通は二日から七日で回復する。また、ギラン・バレー症候群（四肢の筋力の低下などを伴う急性神経炎）を起こす可能性も疑われている。

二〇一三年から一四年にかけて、フランス領ポリネシアでジカウイルスの大流行が起こった。約三万人が感染したと推定されている。この時ポリネシアで分離されたウイルスは、冒頭の二〇一五年にブラジルで分離されたジカウイルスと遺伝子の塩基配列が九九％同じであった。ウイルス遺伝子の変異速度を考慮した結果、二〇一五年のブラジルのウイルスは、二〇一三年の春から年末にかけてポリネシアからブラジルに持ち込まれたと推測されている。[1]
ヒトの小頭症の原因解明までの動きは迅速だった。まず、ヒトのｉＰＳ細胞を分化させて大脳皮質の前駆細胞が作製され、ジカウイルスを接種してみたところ、細胞の増殖を抑制したことが二〇一六年五月に報告された。[2] 二〇一七年には、妊娠サルにウイルスを接種し超音波エコーで観察を行い、胎児の脳の発育が遅れることが報告された。[3] ジカウイルスに感染した妊娠女性の胎児は頭蓋骨の発達が遅れていることが超音波診断からわかり、新生児の脳や後産の胎盤からジカウイルスＲＮＡが検出された。これらの証拠から、小頭症は、ジカウイルスが胎児に感染した結果起きていたことが裏付けられ、先天性ジカ症候群と呼ばれるようになった。[4] ＷＨＯの緊急声明からたった一年ほどの間に、この病気の原因が確定されたのである。
それでは、どうしてブラジルで、突然、小頭症が出現したのだろうか。ジカウイルスには、アフリカ型とアジア型の二つの遺伝子型があり、ポリネシアやブラジルのウイルスはアジア型だった。そこで、代表的なアジア型ウイルスとしてカンボジアで二〇一〇年に分離されたウイルスを選び、ブラジルのウイルスのゲノムと比較したところ、ブラジルのウイルスでは、ウイルス粒子の被膜（エンベロープ）タンパク質の前駆体となる領域にあるアミノ酸のうちの一つがセリンからアスパラギンに置き換えられていた。このアミノ酸置換のあるウイルスをマウスの胎児に接種してみると、脳の皮質が薄くなるなど、小頭症に特有の病変を引き起こした。一方、置換のないウイルスを接種した場合、小頭症は見られなかった。[5] つまり、たった一個のアミノ酸が変異した結果、ジカウイルスが小頭症を起こ

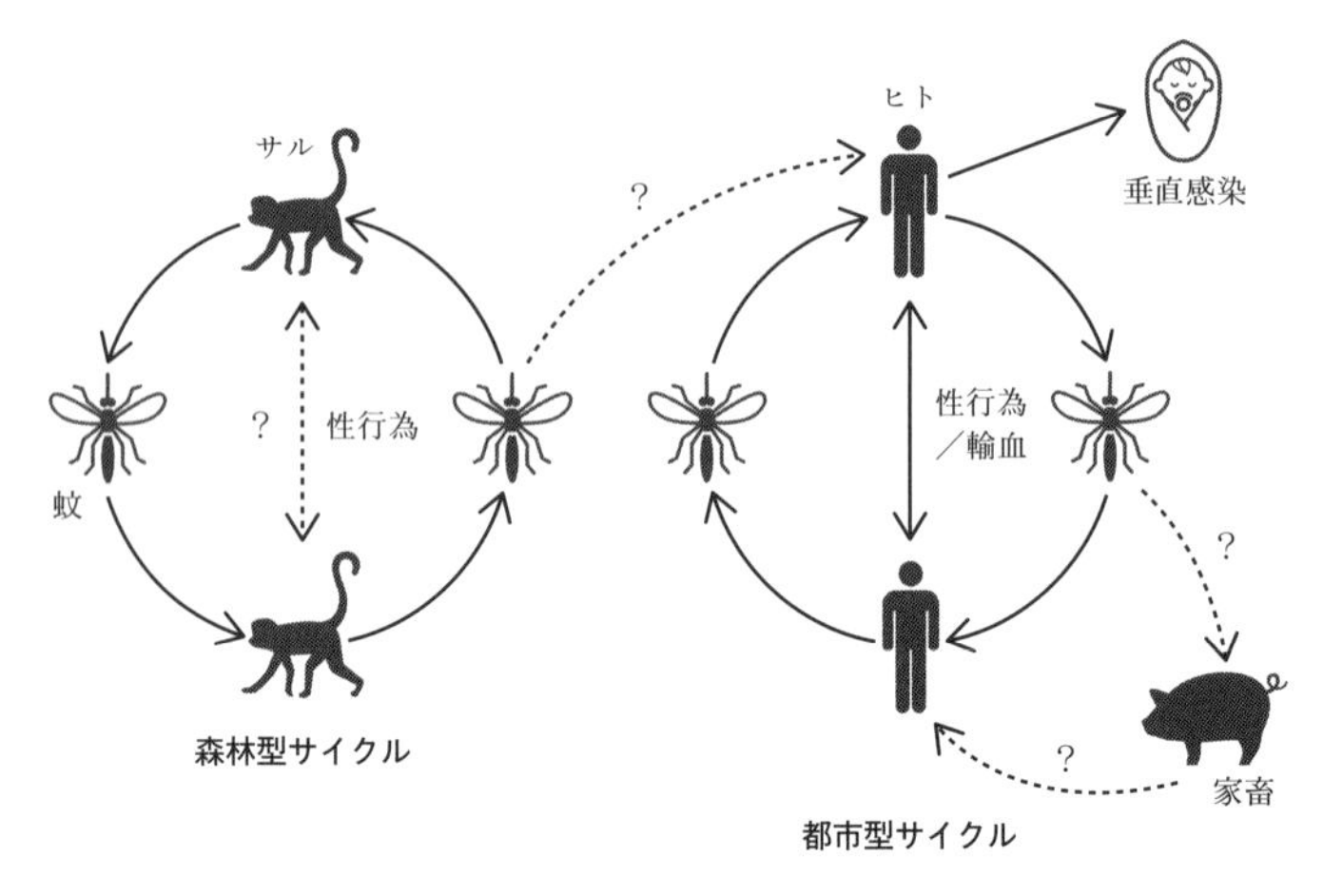

図 20 ジカウイルスの二つの伝播サイクル

すようになった可能性が示されたのである。

ジカウイルスの本来の住処は森林

ジカウイルスは、アフリカの熱帯雨林の中でサルと蚊の間を循環しながら数百万年にわたって生きてきた。蚊がウイルスを保有するサルを吸血すると、ウイルスが蚊の体内に取り込まれ、中腸（消化管の一部で胃に相当する）や唾液腺で増殖する。蚊の唾液を介して、ウイルスはほかのサルに伝播されていく。ウイルスは蚊の卵にも含まれており、乾燥状態の卵の中で数ヶ月にわたって生きることができる。水に出会うと、卵が孵化してウイルス保有蚊が生まれ、サルにウイルスを伝播する。この伝播様式は「森林型サイクル」と呼ばれており、サルはウイルスの増幅動物、蚊は媒介者（ベクター）とみなされている。

ヒトへの伝播は、ヒトが森林に入ることで起きる。まず、ヒトが森林でウイルスを保有する蚊に刺されて感染したあと、町に戻る。そして都会では、サルの代わりにヒトが増幅動物となって、ヒトと蚊の間で都市型サイクルによるウイルスの伝播が起こる。さらに、ヒトの場合は性行為によってもウイルスが伝播される（図20）。

二〇一五年、ブラジルではエルニーニョによる大雨や洪水などが続き、蚊が大繁殖していた。このことが、ブラジルでのジカウイルス感染の大流行につながったと考えられている。

急速に進展するワクチン開発

ワクチン学は二〇世紀終わりから急速に進展してきた。その革新的技術が結集され、ジカワクチンの開発がこれまでにないスピードで進んでいる。すでにＷＨＯのリストには約四五種類のジカワクチンの候補が集められている。大部分は動物実験の段階だが、ヒトでの臨床試験が始まっているものもある。[6]

とくに進んでいるのはＤＮＡワクチンの開発である。これは、分離ウイルスの遺伝情報のデータベースをもとに、ワクチンとして働くウイルスタンパク質のＤＮＡを設計・構築して、プラスミドに組み込んだものである。プラスミドとは、細胞の中で自律増殖する二本鎖ＤＮＡで、大腸菌で容易に大量生産できる。このように、ＤＮＡワクチンにはウイルスそのものを用いないワクチンであるという長所がある。また、新たに出現するウイルスに対してすぐにワクチン化できる。毎年、インフルエンザウイルスのワクチンが鶏卵を使って時間をかけて製造されていることを考えると、革新的な技術と言える。

ＷＨＯの緊急声明からわずか半年後には、二種類のＤＮＡワクチン（米国国立衛生研究所［ＮＩＨ］のワクチン研究センターのワクチンと、米国ウイスター研究所と米国イノヴィオ社の共同開発ワクチン）について臨床試験が開始された。いずれも、ジカウイルス粒子のエンベロープのタンパク質の一部をコードするＤＮＡをワクチンとしたものである。筋肉内に注射されたＤＮＡは細胞内でエンベロープタンパク質に翻訳され、免疫系を刺激して抗体を産生させると期待されている。

このように、ＤＮＡワクチンは理想的なワクチンとして期待されている。ただし二〇一八年八月時点では、二〇〇五年にウマ用のウエストナイルウイルスワクチンが承認されているだけで、前述のジカウイルスに対するワクチンも含め、人体用で承認されたものはまだ存在しない。

またＥＵでは、ＤＮＡワクチン以外の手法として、オーストリアのテミス社の麻疹ワクチンにジカウイルスのエンベロープタンパク質ＤＮＡを組み込んだベクターワクチンの臨床試験が行われている。

ウイルス媒介蚊を標的とした対策

ジカウイルスは、ネッタイシマカやヒトスジシマカなどのヤブカ属の蚊により媒介される。そこで、蚊にジカウイルスに対する抵抗性を与えてウイルス増殖を抑える試みや、蚊の繁殖を阻止する試みが進んでいる。これらの技術は、もともとはジカウイルスと同じフラビウイルス属のデングウイルス対策として開発されてきた技術である。*

ウイルスと平和に共存してきた蚊に、どうすればウイルス抵抗性を与えることができるのか。昆虫の内部寄生菌であるボルバキアに感染したネッタイシマカの場合、中腸でのデングウイルス増殖が抑えられていて、唾液からウイルスがまったく検出されない。ジカウイルスの増殖も同様に抑えられることが分かり、オーストラリアのモナッシュ大学のスコット・オニールは雌のネッタイシマカにボルバキアを感染させて放出する手法を開発した。[7] ボルバキアは、卵巣に感染し卵を介して次世代に伝達される。感染した雌を一〇週間にわたって野外に放出した結果、ボルバキアは蚊の間で定着した。

ボルバキア感染蚊の野外放出試験は、二〇一一年以来、デングウイルス対策として世界五ヶ国以上で行われ、効果が確認されている。ジカウイルスの増殖も抑制されることが明らかにされ、環境影響評価でも問題は見つかっていない。これらの結果をふまえ、WHOはこの蚊の放出作戦を推進している。[8] 前述の通りボルバキアは垂直感染によって伝播するため、理論的には世代を重ねるうちにすべての蚊がボルバキア感染蚊に置き換わると考えられている。

ほかにも、ウイルスではなくウイルス媒介蚊を標的にしたさまざまな方法が開発されている。英国のオキシテック社は、オックスフォード大学と共同で、優性致死遺伝子を組み込んだネッタイシマカを作出している。この蚊にはタンパク質合成を調整する遺伝子に変異があり、正常細胞の機能維持に

＊　デングウイルスは、一〇〇ヶ国以上で毎年四億人近くが感染している。五〇万人が重症のデング出血熱を発症し、二万人以上が死亡している。

必要なタンパク質の生産が無制限に行われるため、胚は発育できずに死んでしまう。この遺伝子組換え蚊を死なせることなく増殖させるには、抗菌薬のテトラサイクリンを混ぜた餌を与えればよい。抗菌薬が致死遺伝子の働きを阻止するため、この餌を食べている限り、蚊は死なずに繁殖する。この遺伝子組換え蚊には蛍光色素の遺伝子も導入されており、蛍光顕微鏡で観察することにより、組換え蚊を選別できるように設計されている。[9] この遺伝子組換え蚊が自然界に放出されると、蚊は遺伝子組換え蚊ではないペアの場合しか子孫を残すことができないため、個体数が減っていくと考えられている。

また、マサチューセッツ工科大学のケヴィン・エスヴェルトは、ゲノム編集の技術を用いて「遺伝子ドライブ」と呼ばれる技術を考案した。これは、ＤＮＡ切断酵素のキャスナイン（Ｃａｓ９）と、編集したいゲノム領域にキャスナインを導くガイドＲＮＡを直接ゲノムに挿入して、遺伝子改変を行うものである。通常のゲノム編集技術で改変された遺伝子は、二本ある染色体の片側だけに組み込まれるため、次世代には五〇％の確率でしか受け継がれない。しかし遺伝子ドライブの場合には、片側に組み込まれたガイドＲＮＡとキャスナインが改変されていない側の染色体も改変するため、次世代のすべての個体に改変遺伝子が受け継がれる。一匹の蚊に遺伝子ドライブ技術を適用すれば、遺伝子改変は次々と伝わり、いずれは種全体に広がると期待できる。[10]

この技術は、理論的には種に対して非常に大きな影響力を持ちうる。もしも雄の蚊を不妊にさせる遺伝子をこの技術で組み込んだ場合は、その種を絶滅させることにつながる。そのため、遺伝子ドライブ技術の是非についてはホットな議論が続いている。このような状況の中で、ジカウイルス対策としてネッタイシマカなどの媒介蚊への遺伝子ドライブの応用研究が進んでいる。

遺伝子ドライブは、究極の対策でありウイルス媒介蚊を絶滅させることも理論上は可能と考えられる。しかし、仮にネッタイシマカを絶滅させても、自然界には三五〇〇種以上の蚊が生息している。ウイルスはほかの蚊で増殖サイクルを維持していくであろう。

ジカウイルスとの闘いは、今後、革新的技術に支えられてウイルスと共生の道を歩んでいく人類の将来像の一端を示していると言えるだろう。

あとがき

私は、半世紀を超す研究者人生において、ウイルス学が大きく飛躍した転換点に何度も立ち会ってきた。

私がウイルスと出会ったのは、一九五二年、越知勇一教授が主宰する東京大学農学部獣医畜産学科家畜細菌学教室（現獣医微生物学研究室）に入った時である。そこでは主に細菌の研究が行われていたが、一部でマウスを用いたウイルスの実験も行われていた。翌一九五三年、第一回日本ウイルス学会総会が開かれた。それまでは、ウイルスは細菌学会の一部門で扱われていた。越智教授はこの学会の発起人の一人で、第二回総会の会長を務められた際には、私たち学生も準備や運営を手伝った。

一九五六年、私は越智教授の紹介で北里研究所に入所した。ここでは、さまざまなウイルスワクチンが製造されており、私の最初の業務はウシでの天然痘ワクチンの製造と孵化鶏卵での鶏痘（ニワトリの天然痘）ワクチンの製造だった。そのかたわら、私は世界保健機関（ＷＨＯ）の天然痘根絶計画に向けて、国立予防衛生研究所（予研、現国立感染症研究所）と日本ＢＣＧ研究所の若手研究者たちとトリオを組み、耐熱性天然痘ワクチンの開発研究を行っていた。

一九六一年からは、フルブライト基金でカリフォルニア大学に留学し、当時、米国で問題になっていたブタポリオウイルスの病原性について研究を行った。ここで初めて培養細胞によるウイルス実験技術を習得した。

一九六五年からは、予研麻疹ウイルス部で麻疹ウイルスとそのモデルとしての牛疫ウイルスの研究を行った。両ウイルスの研究は、一九八〇年代、東京大学医科学研究所でも引き続き行った。それはちょうど組換えDNA技術がウイルス研究に導入された時代で、牛疫ウイルスの研究では、耐熱性天然痘ワクチン開発の経験を活かして天然痘ワクチンをベクターとした組換え牛疫ワクチンを開発した。一九九二年に退官した後は、中村稕治博士が創立した日本生物科学研究所で組換え牛疫ワクチンの研究を続けた。

二〇一〇年、国連食糧農業機関（FAO）のローマ本部で牛疫根絶を確認する専門家会議に参加した際に、専門家全員が自己紹介をする機会があった。そこで、天然痘と牛疫の両方の根絶に参加した経験があるのは私だけであることが明らかになった。気づけば、ウイルス研究者を志してから、五〇年あまりが経っていた。このように、私はウイルス学の歴史上の重要な局面をいくつか体験してきた。ただしその対象は、あくまでヒトまたは家畜に病気を起こす病原ウイルスに限られていた。

退官した頃から、単なる病原体ではない、生命体としてのウイルスに関する研究が大きく進展しはじめた。私はこの新しいウイルス像に強く惹かれ、いくつかの著作でウイルスの生態を中心とした情報を発信してきた。二〇一七年二月、みすず書房の市田朝子さんから、ウイルスの意味論についての原稿の執筆を依頼された。そこであらためて、地球上におけるウイルスの生命史をたどることにし、雑誌「みすず」で一二回にわたって「ウイルスとともに生きる」を連載した。本書はこの連載に修正・加筆を行ったものである。

本書には、友人のフレデリック・マーフィー、トーマス・バレットおよび知人のフリードリヒ・ダインハルト、ドナルド・ヘンダーソン、ウォルター・プローライト、カールトン・ガイジュセック、マックス・アッペルも登場する。多くはすでに他界したが、本書の執筆は、彼らとの交流を思い出しながら私自身の半世紀を超える研究史を振り返る、またとない機会になった。

本書の執筆にあたっては、速水正憲博士、加藤茂孝博士、甲斐知恵子博士、長崎慶三博士、竹田誠博士、丸山正博士、大石和恵博士、堀江真行博士から、貴重なコメントや最新の情報をいただいた。文献の収集では、藤幸知子博士にご協力いただいた。これらの方々に厚く御礼申し上げる。

市田朝子さんには、全面的に論旨を整理し、平易な表現の読みやすい原稿にしていただいた。彼女と交わした数多くの質疑応答は、私にとって大きな刺激となった。厚く御礼申し上げる。

二〇一八年一〇月一日

山内一也

山内一也

ウイルスの意味論

生命の定義を超えた存在

2018年12月14日　第1刷発行
2021年1月27日　第11刷発行

発行所　株式会社 みすず書房
〒113-0033 東京都文京区本郷2丁目20-7
電話 03-3814-0131(営業) 03-3815-9181(編集)
www.msz.co.jp

本文組版　キャップス
本文印刷・製本所　中央精版印刷
扉・表紙・カバー印刷所　リヒトプランニング
装丁　大倉真一郎

Printed in Japan
ISBN 978-4-622-08753-3
[ウイルスのいみろん]

著者略歴

（やまのうち・かずや）

1931年，神奈川県生まれ．東京大学農学部獣医畜産学科卒業．農学博士．北里研究所所員，国立予防衛生研究所室長，東京大学医科学研究所教授，日本生物科学研究所主任研究員を経て，東京大学名誉教授，日本ウイルス学会名誉会員，ベルギー・リエージュ大学名誉博士．専門はウイルス学．主な著書に『エマージングウイルスの世紀』（河出書房新社，1997）『ウイルスと人間』（岩波書店，2005）『史上最大の伝染病　牛疫　根絶までの四〇〇〇年』（岩波書店，2009）『ウイルスと地球生命』（岩波書店，2012）『近代医学の先駆者』（岩波書店，2015）『はしかの脅威と驚異』（岩波書店，2017）『ウイルス・ルネッサンス』（東京化学同人，2017）『ウイルスの世紀』（みすず書房，2020）など，主な訳書にアマンダ・ケイ・マクヴェティ『牛疫』（みすず書房，2020）がある．

索　引

16S RNA　76
AFV1　→アシディアヌス・フィラメンタス・ウイルス1
ATV　→アシディアヌス・テール・ウイルス
A型DNA　121, 122, 124
Bt　→バチルス・チューリンゲンシス
B型DNA　121, 122
Cas3　→キャススリー
Cas9　→キャスナイン
CRISPR　→クリスパー
CRPRC　→カリフォルニア地域霊長類研究センター
CThTV　→クルヴラリア耐熱ウイルス
DMS　→ジメチルスルフィド
DNA切断酵素　140, 148, 234
DNAワクチン　231, 232
EBウイルス　→エプスタイン・バーウイルス
FAO　→国連食糧農業機関
GBV-C　→GBウイルスC型
GBウイルスC型　113–116
H5N1　217–221
HaDNV-1　108
HaV　→ヘテロシグマアカシオウイルス
HcRNAV　→ヘテロカプサRNAウイルス
HERV　→ヒト内在性レトロウイルス
HERV-H　90, 91　→ヒト内在性レトロウイルス
HERV-K　90, 91　→ヒト内在性レトロウイルス
HERV-W　90, 91　→ヒト内在性レトロウイルス
HIV　→ヒト免疫不全ウイルス
IPCC　→気候変動に関する政府間パネル
iPS細胞　91, 229
JSRV　→ヤーグジークテヒツジレトロウイルス
LDHウイルス　→乳酸脱水素酵素ウイルス
LUCA　→最後の普遍的共通祖先
NERPRC　→ニューイングランド地域霊長類研究センター
NIH　→米国国立衛生研究所
OIE　→国際獣疫事務局
PERV　→ブタ内在性レトロウイルス
PRD1　54
PRRS　→豚繁殖・呼吸障害症候群
PRRSウイルス　→豚繁殖・呼吸障害症候群ウイルス
RNAワールド　53, 54
RSV　→ラウス肉腫ウイルス
SIRV　→スルフォロブス・アイランディクス棒状ウイルス
SIRV2　→スルフォロブス・アイランディクス棒状ウイルス2
SIV　→サル免疫不全ウイルス
SSV1　→スルフォロブス・シバタエ1ウイルス
STIV　→銃座付き正二〇面体スルフォロブス・ウイルス
WHO　→世界保健機関
αプロテオバクテリア　59
φ3T（ファージ）　82

ア

アオコ 132, 135
赤潮 134–137
アーキア 54–56, 77, 78, 118, 121, 122, 124, 133, 138–140, 147
アーキアウイルス 117–125, 130, 133
アシディアヌス・テール・ウイルス 119, 120
アシディアヌス・フィラメンタス・ウイルス1 123
アデノウイルス 54, 55
アヒル →宿主
アフリカ豚コレラ 223
アームストロング, チャールズ 35
アメリカタバコガ 108
アリストテレス 72, 80, 184
アンダーソン, J 181
アンドリュース, クリストファー 33
異種移植 94–96
磯貝誠吾 12
遺伝子解析 1, 76, 181, 186
「遺伝子突然変異の本質と遺伝子の構造について」 73
遺伝子ドライブ 234, 235
イヌ微小ウイルス →パルボウイルス, 1型イヌ
イリドウイルス 126
イルマ, ティルハン 188
イワノフスキー, ディミトリ 26–28
インテグラーゼ 198, 199
インフルエンザ 1, 32–34, 45–47, 172, 175, 217–221, 227；新型—— 1, 217, 218, 221
インフルエンザウイルス 4, 7, 13, 20, 32–34, 45, 68, 124, 166, 168, 172, 217–221, 231；新型—— 217, 221；——の生存戦略 218
インフルエンザワクチン 34
ヴィラリアル, ルイス 72
ウイルス ——の暗黒期 5, 6, 42, 126；——の「開発工場」 221；——の隔離 165, 166, 188；——化石 60–62, 89；——の起源 51, 52, 55, 57, 150, 155, 174, 207；——との共生 97, 104, 105, 107–109, 111, 113, 150, 151, 155, 174, 189, 201, 212, 219–221, 233, 235；共犯者としての—— 101, 104, 107；——の結晶化 4, 28, 29, 71, 80；——との攻撃的共生 104；——の根絶 1, 11, 12, 16, 149, 153, 154, 156, 157, 159, 161, 164, 165, 170–172, 180–182, 186, 187, 237, 238；——の再活性化 19, 20, 143, 162；——の再集合 143；——の細胞変性効果 36；——の死 → ——の不活化；——の持続感染 61, 64, 65, 95, 114；——の人工合成 79, 80, 150, 161–164；生物兵器としての—— 164, 174, 175；——の潜伏 56, 67, 83, 85, 96, 189, 190–194, 196, 197, 200, 201, 203；——の潜伏期 8, 32；——の増殖プロセス 4–6, 41, 42, 198；——にとっての増幅動物 230, 231；——の多重感染再活性化 19, 20, 143, 162；——の脱核 5；——の脱出孔 124；——の致死的感染 97, 111, 151, 180, 187, 218–220；——の「中継場所」 221；——の「貯蔵庫」 2, 174, 218, 220, 221；——の通信システム 82；——の定量 28, 37, 41, 157；逃亡説 57；泥棒説 57, 60；——による妊娠の維持 92, 93；——による胎児の発育の阻害 227, 229；——の排除 149, 170–173, 179；——の光再活性化 143；——の不活化 7, 13, 14, 19, 20, 143, 177, 210–223；——の変異 6, 62, 65, 67, 68, 89, 111, 153, 156, 160, 167, 172, 173, 199, 211–213, 219, 221, 228, 229, 233；——の変異速度 62, 153, 167, 197, 228；——の撲滅 178–181, 187, 224；——の保存 8, 12, 16, 17, 156, 186, 187, 219；——の無症状感染 113, 157；——の輸送 8, 12, 156, 186
ウィルヒョウ, ルドルフ 74
ウイロイド 53, 54
ヴィロファージ 128, 129
ウィンマー, エッカード 79, 80

ウエストナイルウイルスワクチン　232
ウェラー, トーマス　36
ヴェンター, クレイグ　80, 143
ウサギ　→宿主
ウシ　→宿主
牛ウイルス性下痢症ウイルス　225
ウーズ, カール　76–78
永久凍土　17, 127, 128, 164
エイズウイルス　→ヒト免疫不全ウイルス
衛星ウイルス　128
エヴァンス, デイヴィッド　162
エスヴェルト, ケヴィン　234
エドワーズ, ジェームズ　177, 179
エプスタイン, アンソニー　194
エプスタイン・バーウイルス　195–197；——の生存戦略　196
エボラウイルス　45, 97, 111, 195
エボラ出血熱　1, 97, 223
エリス, エモリー　41
エールリヒ, パウル　46, 47
エンダース, ジョン　36, 37, 166
エンベロープ　4, 6, 7, 88, 91, 92, 106, 229；不活化　13, 14；アーキアウイルスの——　122–124；ワクチンへの利用　187, 225, 232
黄熱　35, 115, 228
緒方博之　145
押谷仁　167
おたふく風邪　36
オニール, スコット　233
オパーリン, アレクサンドル　75
温暖化　2, 18, 140, 142, 205

カ

外国流行伝染病予防法　176, 177
ガイジュセック, カールトン　215, 239
甲斐知恵子　186, 239
ガイドRNA　48, 148, 234
蠣崎千晴　177
家禽ペスト　32, 34, 217　→トリインフルエンザ
家畜化　152, 174, 208, 220
葛洪　167
カプシド　4, 5, 78, 198, 210；不活化　7, 14；ウイルスの起源　53–58, 60；古ウイルス学　60, 65；アーキアウイルスの——　121, 122, 124
可溶性有機炭素　137, 138, 141, 142
カリフォルニア地域霊長類研究センター　213–216
カレル, アレクシス　36
河岡義裕　219
川喜田愛郎　72
川口四郎　103
ガンウイルス　86, 194, 195
肝炎　12, 13, 115, 116
肝炎ウイルス　A型——　13, 115, 116；B型——　13, 60–63, 115, 128；B型——の共通祖先　65；D型——　13, 128；E型——　12, 13；F型——　116；G型——　113, 116　→GBウイルスC型
飢饉　11, 149
気候変動　2, 140, 141
気候変動に関する政府間パネル　140
岸浩　176
北里研究所　11, 156, 222, 237
北里柴三郎　30, 31
キメラワクチン　225, 226
逆遺伝学　186, 187
逆転写酵素　57, 96, 97, 198, 199；——の発見　86, 87, 99, 100
キャススリー　48
キャスナイン　48, 148, 234
牛疫　11, 12, 149, 171, 173–179, 181, 182, 186–188, 225, 238
牛疫ウイルス　11, 12, 150, 166, 167, 174, 175, 177, 180, 181, 186–188, 238
牛疫ワクチン　11, 12, 177–182, 186, 187；エドワーズワクチン　179
牛痘　8, 154, 155
牛痘ウイルス　9, 155, 159；——と天然痘ウイルスの関係　151, 152
極限環境　2, 121, 122, 124, 133, 139；イエローストーン国立公園　55, 77, 109,

118, 121, 122；塩田　77, 133；高アルカリ性　133；高塩濃度　121；高熱　121, 133；酸性温泉　2, 55, 113, 121, 133；深海　130, 133, 134, 137–139；南極　133
局所壊死病斑　28
巨大ウイルス　2, 17, 18, 52, 57–60, 78, 117, 125–130, 137, 145
金鐘禧　178
クオラムセンシング　81
クーニン, ユージン　57, 60
熊谷哲夫　223
クライオ電子顕微鏡　54, 55, 121, 123
クラブリー, ジャン＝ミシェル　17, 18, 59
クラミジア　58, 59
クリスパー　139, 140, 145, 147, 148
クールー　→プリオン病
クルヴラリア耐熱ウイルス　109
クルシウス, カロルス　110
クレプトクロロプラスト　→盗葉緑体
クロイツフェルト・ヤコブ病　→プリオン病
クロスノイウイルス　58, 78
クロレラウイルス　135
クローン選択説　68
桑田立斎　23
継代　12, 33, 155, 177, 197, 216
系統樹　58–61, 65, 76, 77, 151, 153, 166, 192, 207
ケイリー, ドロシー　110
ゲノム編集　48, 49, 95, 96, 147, 148, 234
原核生物　76, 132, 138
原始的生命　53, 76, 130, 139
コアラエイズウイルス　93
古ウイルス学　60–62, 66
光学顕微鏡　25, 26, 31, 77, 126
光合成　101, 102, 131, 134, 135, 137, 138, 141
抗生物質　36；——と耐性菌　47, 48
抗体　77, 196；中和抗体　173；ウイルスに対する——　112, 113, 129, 181, 187, 195, 206, 207, 210, 219, 220, 224, 225, 232
口蹄疫　3, 30, 31, 175, 181, 188, 209, 222
高度好塩菌　77, 119
合胞体栄養膜細胞　90
国際ウイルス分類委員会　72, 119, 127, 195
国際獣疫事務局　12, 149, 178, 181, 182, 188, 224, 225
国立感染症研究所　68, 156, 173, 237
国立予防衛生研究所　68, 156, 187, 237
国連食糧農業機関　12, 149, 179, 180, 182, 186, 187, 238
古細菌　55, 77, 118　→アーキア
コッコリソウイルス　136
コッホ, ロベルト　25, 30, 47, 76
コッホの三原則　25
小原恭子　187
小船富美夫　171
コンラート, フレンケル　29

サ

細菌　2, 36, 51, 55, 57, 80, 108, 118, 122, 123, 125, 128, 129, 132, 133, 137–141, 145, 168, 196, 237；ウイルスとの大きさの比較　17, 26, 27, 52, 58, 59, 117, 126；ウイルスとの違い　3；——フィルター　13, 30–33, 35, 71, 86, 117, 144, 145；宿主としての——　→「宿主」の項を参照；病原菌の特定　25；生物の分類　54–56, 71, 76–78
最後の普遍的共通祖先　54–56
細胞培養　14, 34–37, 156, 163, 180, 223, 238
細胞膜　6, 90, 123, 124
サヴォヌッチ, E.　32
サーコウイルス　209
殺処分　34, 175, 217, 218, 222, 225
サトル, カーティス　134
サブウイルス　54
サリヴァン, マシュー　144, 145
サル　→宿主
サル痘ウイルス　152, 159, 160；第二の天然痘としての——　159, 160
サル免疫不全ウイルス　197, 201, 214–

216；SIVmac　214, 216；SIVsm　215, 216
シェーファー，ヴェルナー　34
ジェンナー，エドワード　8, 22, 151, 154–156, 162, 163, 183, 184
ジカウイルス　227–235；アジア型　229；アフリカ型　229；——の生存戦略　230, 231
ジカウイルス　227–235
ジカウイルスワクチン　231, 232
志賀潔　46
ジカ熱　228
次世代シーケンシング技術　143
『自然の体系』　183
シーボルト，フィリップ・フランツ・フォン　22
ジメチルスルフィド　142, 143
シャウディン，F. R.　46
シャルパンティエ，エマニュエル　148
シャンウイルス　127, 129
シャンベラン，シャルル　27
シャンベラン・フィルター　26, 27, 30, 39
銃座付き正二〇面体スルフォロブス・ウイルス　55, 119, 124
終生免疫　168
宿主　アオコ　132；アカゲザル　35, 213–216, 228；アカリス　112, 113；アヒル　61, 64, 218, 220, 221；アブラムシ　111；アメーバ　17, 18, 58, 125, 127, 128, 130；アレチネズミ　151, 152；イヌ　33, 64, 205, 209–213；イノシシ　13, 180, 207, 223, 224；イボイノシシ　180；イモムシ　105–107；ウサギ　12, 177–180, 187, 225, 226；ウシ　3, 8–12, 23, 30, 31, 64, 112, 149–151, 154–156, 166, 173–176, 178–182, 187, 188, 237；ウッドチャック　61；ウナギ　64；ウマ　64, 154, 155, 232；ウミウシ　101–104；ウミガメ　64；エミリアニア・ハクスレイ　→円石藻；エランド　180；エリシア・クロロティカ　101, 102；円石藻　135, 136, 142；オウム　64；オポッサム　97；カ　230–235；カエル　64；カキ　64, 65；ガチョウ　218；カモ　218–221；キツネザル　90；キリン　180；キンカチョウ　61, 62；クーズー　180；クルヴラリア・プロトゥベラータ　109；グレイ・ステップ牛　174；クロレラ　131, 135；齧歯類　35, 61, 96, 151, 152, 155, 159, 160；コイ　64；コウモリ　97, 111, 174；コットンラット　35；コブラ　64；コマユバチ　105–107；ゴリラ　63；細菌　19, 39, 41, 42, 48, 49, 56, 67, 81, 82, 85, 119, 132, 147, 148, 202, 203；サギ　61；サケ　64；サル　35, 37, 47, 96, 116, 151, 159, 166, 180, 205, 213–216, 229–231；サルモネラ　40, 49, 54；シカ　13；シチメンチョウ　64；ジャガイモ　53；ジリス　61；スーティマンガベイ　214–216；ストレプトコッカス・サーモフィルス　147；スルフォロブス　55；スルフォロブス・アイランディクス　121；ゾウ　96；大腸菌　19, 20, 48, 54, 81；タバコ　3, 26–29；チューリップ　110, 111；チョウ　105, 107；腸内細菌　2, 202；チンパンジー　61, 63, 90, 191, 192, 197, 201, 215, 216；チンパンジー亜族　192；ツル　61；トカゲ　64；ナマズ　64；ニワトリ　32, 34, 36, 56, 57, 64, 86, 88, 179, 205, 217, 218, 220, 221, 237；ヌタウナギ　219；ネコ　64, 210–212；ネッタイシマカ　232, 233, 235；ハイイロリス　112, 113, 160；パラントロプス　192；ピーマン　201, 202；ヒツジ　92, 112, 178；微細藻類　131, 132, 135, 137, 141 143；ヒトスジシマカ　232；ヒト亜族　192；ブドウ球菌　48, 132, 202；皮膚常在菌　2, 202；プロピオニバクテリウム　202；ヒヒ　35；ヒメバチ　105；表皮ブドウ球菌　202；ヒル　127, 130；フェレット　33, 219；ブタ　13, 30–32, 64, 94–96, 205–209, 222–225, 238；プレーリードッグ　160；ホモ・エレクトス　192；マウス　15, 33–36, 67, 88, 207, 229, 237；マーモセット　116；ミドリザル　214；メガネザル　97；メ

クラウナギ　→ヌタウナギ；ユキヒメドリ　62；ラクダ　151, 152；リステリア菌　48；ワラビー　97
種痘　8–11, 22, 23, 151, 154, 156, 157, 160, 165–167, 184
受容体　4, 5, 68, 114, 173
シュレーディンガー, エルヴィン　73
ジョイス, ジェラルド　74
小頭症　227, 229
『続日本紀』　167
植物プランクトン　131
ジリッヒ, ヴォルフラム　77, 118, 119
深海　→極限環境
真核生物　54–57, 59, 76–78, 123
人工生命　74；マイコプラズマの人工合成　80
ジンマー, カール　76
森林型サイクル　230
水圏ウイルス学　133, 146
垂直感染　56, 89, 108, 230, 233
水痘　64, 153, 192–194
水痘ウイルス　→水痘・帯状疱疹ウイルス
水痘・帯状疱疹ウイルス　43, 153；——の生存戦略　192–194；——の起源　64, 65
水平移動　103
水平感染　88, 89
杉本正信　187
スタンリー, ウェンデル　28, 29, 71, 72
スピロヘータ　46
スプートニクウイルス　128
スペイン風邪　32, 45, 46　→インフルエンザ
スミス, ウィルソン　33
スミス, ジョン・メイナード　75
スルフォロブス・アイランディクス棒状ウイルス2　121, 122, 124
スルフォロブス・アイランディクス棒状ウイルス　119
スルフォロブス・シバタエ1ウイルス　118
清浄国　179, 181, 224–226
生殖系列　60, 88
生息環境（ウイルスの）　海洋　2, 131–146, 201；腸内　2, 201–203；都市　169, 170, 182, 205, 230, 231；養鶏場　205；養豚場　205, 208, 209, 226
生態系　1, 145；極限環境のウイルス——　117；水圏のウイルス——　131–136, 140–143；深海のウイルス——　137–140
『生物学事典　第5版』　73
生物と無生物の境界　4, 6
生物農薬　38, 108
『生命とは何か』　73
生命の起源　2, 53, 67, 130, 139
生命の定義　2, 71–76；循環論　73
世界保健機関　47, 115, 149, 156, 159, 161, 162, 164, 165, 171, 172, 218, 219, 227, 229, 231–233, 237
赤痢　39, 40, 48
セッチェル, ウィリアム　118
セネガルウイルス　129
先天性ジカ症候群　229
セントラルドグマ　85, 87, 99
「総合的ウイルス研究記録」　43
組織培養　36, 37
ソーレク, ローテム　81, 82

タ

帯状疱疹　64, 192–194
耐性菌　47, 48
「大西洋の嵐」　164, 166
ダインハルト, フリードリヒ　115, 239
ダーウィン, チャールズ　104, 107
ダーウィン進化　74
ダウドナ, ジェニファー　148
竹田誠　173, 239
ダノヴァーロ, ロベルト　138
多能性　91
タバコモザイク病　3, 26–28
多発性硬化症　91, 197
ダブル・ゼリー・ロール構造　55
タラ海洋プロジェクト　144
ターリントン, レイチェル　93

ダルベッコ, レナート　37, 99
炭素循環　水圏の——　142
タンパク質分解酵素　5, 37, 198
チェンタニ, E.　32
チャーチ, ジョージ　96
『肘後方』　167
チューリップモザイクウイルス　111
超好熱菌　77, 117, 118, 139
デイヴィス, ブラッドリー　117, 213
『哲学事典』　73
テミン, ハワード　56, 57, 86, 87, 99, 100
デュアル・ユース　163
デルブリュック, マックス　41, 42, 67, 73
デレーユ, フェリックス　38–41, 51, 67
デングウイルス　232, 233
電子顕微鏡　——の開発　43, 44
伝染性単核球症　195, 196
デンソウイルス　108
伝達性海綿状脳症　→プリオン病
天然痘　1, 149–155, 171, 179, 182, 192, 238；種痘の歴史　8–11, 22, 23；——の根絶　156–159；——テロ　164–166
天然痘ウイルス　4, 16–18, 150, 155, 156, 164, 166–168, 170, 172, 190, 194；——の起源　151–154；——の人工合成の可能性　161–164
天然痘ワクチン　8–11, 38, 157, 159, 162, 163, 187, 237, 238；MVAワクチン　163；LC16m8ワクチン　163；——の正体　154–156；凍結乾燥ワクチン　156；耐熱性ワクチン　156, 159, 187, 238
トゥオート, フレデリック　38, 40
痘苗　11, 22, 23　→種痘
動物プランクトン　137, 141
盗葉緑体　103
ドゥレーゼン, ジャン＝ミシェル　106
都市型サイクル　231
ドメイン　54, 56, 59, 77, 78, 118
朝長啓造　96
豊田秀徳　113
トリインフルエンザ　32, 34, 175, 217；高病原性——　217
トリインフルエンザウイルス　32, 34, 217；高病原性——　217–219
トリフォノフ, エドワード　74, 75
『遁花秘訣』　22
豚コレラ　222–225
豚コレラワクチン　222–225；C株ワクチン　225, 226

ナ

内在性レトロウイルス　——の発見　88, 89；ヒト——　90, 91；ヒツジ——　92；コアラ——　93–94；ブタ——　94；ウミウシの——　103, 104
内在性レトロウイルス　86, 88, 92–95, 103, 104
長崎慶三　135, 136, 239
中村稕治　12, 177–180, 238
中村ワクチン　12, 177–180, 225　→牛疫ワクチン
長与俊達　23
長与専斎　11, 23
ナチュラリスト　154, 183, 184
生ワクチン　12, 180, 210, 211, 223, 225, 226
楢林宗建　22
ニコル, シャルル　39
『日葡辞書』　176
ニューイングランド地域霊長類研究センター　213, 214
乳酸脱水素酵素ウイルス　93
ニワトリ　→宿主
ニワトリ胚　34, 36, 179
ニワトリ白血病ウイルス　56, 57
ネグリ, ジュゼッペ　9, 154
ネコ汎白血球減少症ウイルス　210, 211
熱水噴出孔　130, 138–140
ノイラミニダーゼ　217
ノースロップ, ジョン　29
ノロウイルス　1, 7, 14–16

ハ

バー, イヴォンヌ　195

バイオテロ　161–166
梅毒　9, 10, 35, 46
パイフェル, リヒャルト　47
バーカー, ジョージ　115
バーキット, デニス　194, 195
バーキットリンパ腫　194, 195
バクテリオファージ　19, 20, 38–44, 47–49, 51, 54, 56, 57, 67, 68, 73, 78, 81, 82, 85, 86, 118, 119, 128, 129, 132, 133, 147, 148, 202, 203
橋爪壮　163, 187
パスツール, ルイ　76
パスツール研究所　27, 32, 38, 45, 46
秦佐八郎　46
バチルス・チューリンゲンシス　108
白血病　56, 57, 93, 99, 185
バート, P. N.　187
馬痘　154
馬痘ウイルス　155, 162
バーネット, マクファーレン　52, 53, 59, 60, 67, 68
パピローマウイルス　202
バラヤン, ミハイル　12, 13
バランゴウ, ロドルフ　49, 147
ハリソン, ロス　35, 36
パルボウイルス　209；1 型イヌ——211；2a 型イヌ——　211, 212；2b 型イヌ——　211, 212；2 型イヌ　210, 211, 212；アライグマ——　211, 212；ネコ——210, 212；ホッキョクギツネ——　211, 212；ミンク腸炎ウイルス　211
バルミス, フランシスコ・ザビエル・デ　8, 9
バレット, トーマス　181, 188, 239
バンクス, ジョセフ　183
ハンター, ジョン　183, 184
パンデミック　32, 47, 213, 218
パンドラウイルス　127, 128
ピアース, シドニー　102, 103
ビカウダ　119, 120
ピソウイルス　18, 127, 128
ヒト－ヒト感染　160
ヒトヴァイローム　201
ヒトゲノム　1, 86, 88, 98
ヒト内在性レトロウイルス　88–91, 93, 98
「ヒトのウイルス病——進化的および生態学的考察」　52
ヒト免疫不全ウイルス　83, 89, 90, 113, 114, 160, 168, 197–201, 213, 215, 216；HIV－1　215；HIV－2　215；——の増殖プロセス　198
ヒポクラテス　115
飛沫核　168
ピリエ, N. W.　29
ヒルドウイルス　127, 130
ファージ　→バクテリオファージ
ファージ・グループ　41, 42, 56
ファージ療法　40, 47, 48
フォルテール, パトリック　78
孵化鶏卵　32–34, 68, 237
富士川游　169
フシナシミドロ　102–104
ブタ　→宿主
ブタ内在性レトロウイルス　95, 96
豚繁殖・呼吸障害症候群　206
豚繁殖・呼吸障害症候群ウイルス　206–209
二又針　157–159
「物理学者の視点からの生物学」　42
プラーク　19, 37, 41, 42
プラスミド　231
ブラッドフォード球菌　125, 126
→ミミウイルス
ブランギシュビリ, デイヴィッド　119
プリオン病　215, 216
ブルーム　135, 136
プレイジマン, ピーター　207, 208
フレミング, アレキサンダー　38
プロウイルス　56, 57, 87, 90, 100, 106, 107
ブローライト, ウォルター　180, 239
ブロック, トーマス　118
プロテアーゼ　198, 199
プロトウイルス説　57
プロファージ　56, 67, 85, 86

ベイエリンク, マルチヌス　27, 28, 31
米国国立衛生研究所　16, 57, 163, 213, 215, 232
ベクターワクチン　187, 232, 238
ヘテロカプサ・サーキュラリスカーマ　136
ヘテロカプサ RNA ウイルス　136, 137
ヘテロシグマ・アカシオ　135, 136
ヘテロシグマアカシオウイルス　135, 136
ペニシリン　36, 38
ヘマグルチニン　217, 219
ベリ, エイヴィン　133
ベーリング, エミール　30
ベルケフェルト・フィルター　30, 31, 86
ヘルパーウイルス　128, 162
ヘルペス　4, 60, 64, 65, 153, 185, 190–195, 201, 203；角膜ヘルペス　191；口唇ヘルペス　64, 191；性器ヘルペス　64, 190；ヘルペス脳炎　191
ヘルペスウイルス　4, 60, 153, 185, 195, 201, 203；1 型単純——　64, 190–194；2 型単純——　64, 190–192；カキ——　65；——の起源　64, 65；コイ——　64；——の生存戦略　193, 194
変異　73–75, 80　→ウイルスの変異は「ウイルス」の項を参照
変異速度　→「ウイルス」の項を参照
ヘンダーソン, ドナルド　164, 239
ヘンレ, ガートルード　195
ヘンレ, ワーナー　195
包囲ワクチン接種法　157
放射性炭素　152
ボーカイ, ジェームス　193
ポックスウイルス　68, 112, 113, 151, 152, 162；ラクダ——　151, 152；タテラ——　151, 152；ショープ線維腫ウイルス（ウサギの——）　162　→「天然痘ウイルス」,「サル痘ウイルス」,「牛痘ウイルス」は各項を参照
ボーデン, F. C.　29
ポパー, カール　78
ホームズ, フランシス　28, 29
ポリオ　34–46, 116
ポリオウイルス　16, 46, 116, 124, 181, 238；——の細胞培養　34–37；——の試験管内合成　79, 80；ランシング株　35, 36
ポリオーマウイルス　202
ポリオワクチン　35, 37
ポリドナウイルス　105–107
ボルティモア, デイヴィッド　99, 100
ボルナ病ウイルス　96, 97
ボルバキア　233
『本朝食鑑』　176

マ

マイコプラズマ　——の人工合成　80
マイヤー, アドルフ　26–28
マウス白血病ウイルス　57, 99
マーカーワクチン　187, 225, 226
麻疹　149, 167–172, 180, 182, 185, 186
麻疹ウイルス　4, 5, 11, 149, 150, 175, 180, 190, 194, 209, 238；——によるガン治療　185, 186；——の起源　166, 167, 174；——の存在戦略　168, 169；——の排除計画　170–172
麻疹ワクチン　170–173, 232
マーフィー, フレデリック　45, 239
マリンスノー　137, 138
マルセイユウイルス　18, 127, 129
マールブルグウイルス　97
マールブルグ病　97
水谷哲　56, 87, 99, 100
水疱瘡　→水痘
三井駿一　168
ミトコンドリア　59
ミミウイルス　17, 18, 52, 59, 78, 126–130, 137, 145
ムームーウイルス　126, 127
ムンプスウイルス　36
メイトランド, ヒュー　36
メイトランド法　36
メタゲノム解析　140, 143, 145, 201–203
メタン産生菌　76, 139
メチニコフ, イリヤ　45–47

免疫寛容　68
免疫抑制遺伝子　107
メンデルの法則　88
モーガン, トーマス　41
モーニケ, オットー　22
モリウイルス　18, 127

ヤ

薬剤耐性ウイルス　199, 200
ヤーグジークテ　92
ヤーグジークテヒツジレトロウイルス　92, 93, 97
安村美博　181
柳雄介　173
山内保　32, 45–47
有光層　137, 138, 141, 143
溶菌サイクル　81
溶原サイクル　81
葉緑体　102, 103

ラ

ライアン, フランク　104
ラウール, ディディエ　59, 78, 125, 126, 128, 129
ラウス, ペイトン　86
ラウス肉腫ウイルス　57, 86–88, 100
ラッセル, スティーブン　186
ラムセス五世　150
ラムダ（ファージ）　81
藍藻　132–145
ランチシ, ジョバンニ・マリア　175
ラントシュタイナー, カール　34, 46
ランフォー, メリー　103
リスパラポックスウイルス　112, 113
リバースジェネティックス　→逆遺伝学
リボ酵素　→リボザイム
リボザイム　53, 54
リボソーム　76, 77, 78, 125
リンネ, カール　183, 184
リンパ腫（サル）　213, 214
ルヴォフ, アンドレ　56, 67, 72
ルスカ, エルンスト　43
ルスカ, ヘルムート　43, 44
ルリア, サルバドール　19, 20, 42
レイドロー, パトリック　33
レジャンモーテル, マルク・ヴァン　72
レトロウイルス　90, 92–98, 103, 104, 213, 214；――の発見　86, 87；抗レトロウイルス療法　198, 200
レトロトランスポゾン　97, 98
レバディティ, コンスタンチン　46
レフラー, フリードリヒ　25, 30, 31
レンチウイルス　90
レンチルウイルス　127, 129
レーン, ニック　75
ローバサム, ティム　125, 126
ロシア風邪　47　→インフルエンザ
ロックフェラー研究所　28, 36, 86, 228
ロビンス, フレデリック　36

ワ

ワイス, ロビン　88, 157
ワクチニアウイルス　9, 20, 33, 38, 152, 155, 187
ワトソン, ジェームズ　20, 29, 42

註

第１章　その奇妙な“生”と“死”

1) 山内一也『近代医学の先駆者　ハンターとジェンナー』岩波書店，二〇一五年．

2) Bazin, H.: Vaccination: a History. From Lady Montagu to Genetic Engineering. John Libbey Eurotext. 2011.

3) 山内一也『史上最大の伝染病　牛疫――根絶までの四〇〇〇年』岩波書店，二〇〇九年．

4) Norkin, L.: Mikhail Balayan and the bizarre discovery of hepatitis E virus. May 3, 2016. https://norkinvirology.wordpress.com/2016/05/03/mikhail-balayan-and-the-bizarre-discovery-of-hepatitis-e-virus/

5) Balayan, M.S., Andjaparidze, A.G., Savinskaya, S.S. et al.: Evidence for a virus in non-A, non-B hepatitis transmitted via the fecal-oral route. *Intervirol.*, 20, 23–31, 1983.

6) Frazer, J.: Misery-inducing norovirus can survive for months — Perhaps years — in drinking water. *Sci. Amer.*, January 17, 2012.

7) Kim, A.-N., Park, S.Y., Bae S.-C. et al.: Survival of norovirus surrogate on various food-contact surfaces. *Food Environ. Virol.*, 6, 182–188, 2014.

8) 'Forgotten' NIH smallpox virus languishes on death row. *Nature*, 514, 544, 2014.

9) Legendre, M., Bartoli, J., Shmakova, L. et al.: Thirty-thousand-year-old distant relative of giant icosahedral DNA viruses with a pandoravirus morphology. *Proc. Natl. Acad. Sci.*, 111, 4274–4279, 2014.

10) Legendre, M., Lartigue, A., Bertaux, L. et al.: In-depth study of Mollivirus sibericum, a new 30,000-y-old giant virus infecting Acanthamoeba. *Proc. Natl. Acad. Sci.*, 112, E5327-5335, 2015.

11) Popgeorgiev, N., Michel, G., Lepidi, H. et al.: Marseillevirus adenitis in an 11-month-old child. *J. Clin. Microbiol.*, 51, 4102-4105, 2013.

12) Luria, S.E.: Reactivation of irradiated bacteriophage by transfer of self-reproducing units. *Proc. Natl. Acad. Sci.*, 33, 253-264, 1947.

13) Dulbecco, R.: A critical test of the recombination theory of multiplicity reactivation. *J. Bacteriol.*, 63, 199-207, 1952.

14) Henle, W. & Liu, O.C.: Studies on host-virus interactions in the chick embryo-influenza virus system. VI. Evidence for multiplicity reactivation of inactivated virus. *J. Exp. Med.*, 94, 305-322, 1951.

第２章　見えないウイルスの痕跡を追う

1) Brock, T.D.: Robert Koch: A Life in Medicine and Bacteriology. ASM Press, 1999.

2) Lustig, A. & Levine, A.J.: One hundred years of virology. *J. Virol.*, 66, 4629-4631, 1992.

3) Bos, L.: Beijerinck's work on tobacco mosaic virus: historical context and legacy. *Phil. Trans. R. Soc. Lond. B*, 354, 675-685, 1999.

4) Scholthof, K.B.: Making a virus visible: Francis O. Holmes and a biological assay for tobacco mosaic virus. *J. Hist. Biol.*, 47, 107-145, 2014.

5) Creager, A.N.H.: The Life of a Virus: Tobacco Mosaic Virus as an Experimental Model, 1930-1965. University of Chicago Press, 2001.

6) Fraenkel-Conrat, H. & Singer, B.: Virus reconstitution and the proof of the existence of genomic RNA. *Phil. Trans. R. Soc. Lond. B.*, 354, 583-586, 1999.

7) 山内一也『どうする・どうなる口蹄疫』岩波書店，二〇一〇年．

8) Schmiedebach, H.-P.: The Prussian State and microbiological research-Friedrich Loeffler and his approach to the "invisible" virus. *Arch. Virol.*, 15 (Suppl), 9-23, 1999.

9) Wilkinson, L. & Waterson, A.P.: The development of the virus concept as reflected in corpora of studies on individual pathogens. 2. The agent of fowl plague — A model virus? *Med. Hist.*, 19, 52–72, 1975.

10) 山内一也「インフルエンザウイルスを最初に発見した日本人科学者」科学, 81, No.8, 2011.

11) Smith, W.: Cultivation of the virus of influenza. *Br. J. Exp. Path.*, 16, 508–512, 1935.

12) Armstrong,C.: The experimental transmission of poliomyelitis to the Eastern cotton rat, Sigmodon hispidus hispidus. *Public Health Reports (1896–1970)*, 54, 1719–1721, 1939.

13) Eggers, H.J.: Milestones in early poliomyelitis research (1840 to 1949). *J. Virol.*, 73, 4533–4535, 1999.

14) G・ウィリアムズ（永田育也, 蜂須賀養悦訳）『ウイルスの狩人』岩波書店, 一九六四年.

15) 山内一也, 三瀬勝利『ワクチン学』岩波書店, 二〇一四年.

16) Summers, W.C.: Félix d'Helle and the Origins of Molecular Biology. Yale University Press, 1999.

17) Duckworth, D.H.: "Who discovered bacteriophage?" *Bact. Rev.* 40, 793–802, 1976.

18) E・ノルビー（井上栄訳）『ノーベル賞の真実　いま明かされる選考の裏面史』東京化学同人, 二〇一八年.

19) トーマス・ホイスラー（長野敬, 太田英彦訳）『ファージ療法とは何か』青土社, 二〇〇八年.

20) Stent, G.S.: A short epistemology of bacteriophage multiplication. *Biophys. J.*, 2, 13–23, 1962.

21) Cairns, J., Stent, G.S., Watson, J.D. (eds.): Phage and the Origins of Molecular Biology. Cold Spring Harbor Laboratory Press, 1966.

22) E・P・フィッシャー, C・リプソン（石館三枝子, 石館康平訳）『分子生物学の誕生　マックス・デルブリュックの生涯』朝日新聞社, 一九九三年.

23) Kruger, D.H., Schneck, P. & Gelderblom, H.R.: Helmut Ruska and the visualisation of viruses. *Lancet*, 355, 1713–1717, 2000.

24) Lin, D.M., Koskella,B. & Lin, H.C.: Phage therapy: An alternative to antibiotics in the age of multi-drug resistance. *World J. Gastrointest. Pharmacol. Ther.*, 8, 162–173, 2017.

25) Gilbert, N.: Four stories of antibacterial breakthroughs. *Nature*, 555, S5–S7, 2018. doi:10.1038/d41586-018-02475-3

26) Sharma, M.: Lytic bacteriophages: Potential interventions against enteric bacterial pathogens on produce. *Bacteriophage*, 3(2): e25518, 2013.

第３章　ウイルスはどこから来たか

1) d'Hérelle F.: The bacteriophage : Its Role in Immunity (authorized translation by George H. Smith). Williams & Wilkins, 1922.

2) Burnet, F.M.: Virus as Organism. Evolutionary and Ecological Aspects of Some Human Virus Diseases. Harvard Univ. Press, 1946.

3) Forterre, P.: Origin of viruses. *In* Desk Encyclopedia of General Virology (Mahy, B., van Regenmortel, M.H., eds.), 23–30, 2010.

4) Holmes, E.C.: Virus evolution. *In* Fields Virology, 6th edition, pp. 286–313, 2013.

5) Boyer, M., Madoui,M.-A., Gimenez, G. et al.: Phylogenetic and phyletic studies of informational genes in genomes highlight existence of a 4th domain of life including giant viruses. *PLOS ONE*, 5(12): e15530. doi:10.1371/journal.pone.0015530, 2010.

6) Benson, S.D., Bamford, J.K.H., Bamford, D.H. et al.: Viral evolution revealed by bacteriophage PRD1 and human adenovirus coat protein structures. *Cell*, 98, 825–833, 1999.

7) Rice, G., Tang, L., Stedman, K. et al.: The structure of a thermophilic archaeal virus shows a double-stranded DNA viral capsid type that spans all domains of life. *Proc. Natl. Acad. Sci.*, 101, 7716–7720, 2004.

8) Temin, H.M.: The protovirus hypothesis: speculations on the significance of RNA-directed DNA synthesis for normal development and for carcinogenesis. *J. Natl. Cancer Inst.*, 46, 3–7, 1971.

9) Forterre, P. & Krupovic, M.: The origin of virions and virocells: The escape hypothesis revisited. *In* Viruses: Essential Agents of Life (Witzany, G., ed.), Springer, 2012.

10) Yutin, N., Wolf, Y.I. & Koonin, E.V.: Origin of giant viruses from smaller DNA viruses not from a fourth domain of cellular life. *Virology*, 466/467, 38–52, 2014.

11) Schulz, F., Yutin, N., Ivanova, N.N. et al.: Giant viruses with an expanded complement of translation system components. *Science*, 356,82–85 2017.

12) Colson, P., de Lamballerie, X., Fournous, G. et al.: Reclassification of giant viruses composing a fourth domain of life in the new order Megavirales. *Intervirology*, 55, 321–332, 2012.

13) Gilbert, C. & Feschotte, C.: Genomic fossils calibrate the long-term evolution of hepadnaviruses. *PLoS Biol.*, 8(9): e1000495. doi:10.1371/ journal.pbio.1000495, 2010.

14) Suh, A., Brosius, J., Schmitz, J. et al.: The genome of a Mesozoic paleovirus reveals the evolution of hepatitis B viruses. *Nat. Comm.*, 4, 1791, 2013.

15) Krause-Kyora, B., Susat, J., Key, F.M. et al.: Neolithic and medieval virus genomes reveal complex evolution of hepatitis B. *eLife*, May 10; 7. pii: e36666. doi:10.7554/eLife.36666, 2018.

16) 飯田貴次，佐野元彦「コイヘルペスウイルス病」ウイルス，55, 145–151, 2005.

17) Bower, S.M.: Synopsis of infectious diseases and parasites of commercially exploited shellfish: Herpes-type virus disease of oysters. 2016. [http://www.dfo-mpo.gc.ca/science/aah-saa/diseases-maladies/htvdoy-eng.html]

18) McGeoch, D.J., Davison, A.J., Dolan, A. et al.: Molecular evolution of the herpesvirales. *In* Origin and Evolution of Viruses. 2nd edition. (Domingo,E., Parrish, C.R., Holland,, J.J., eds.), Academic Press, pp. 447–475, 2008.

19) クリストファー・ゼクストン（丸田浩，モコミ・ラムゼイ，マーティン・ラムゼイ訳）『バーネット　メルボルンの生んだ天才』学会出版センター，一九九五年.

20) E・ノルビー（井上栄訳）『ノーベル賞の真実　いま明かされる選考の裏面史』東京化学同人，二〇一八年.

第４章　ゆらぐ生命の定義

1）川喜田愛郎『生物と無生物の間』岩波書店，一九五六年．

2）Stanley, W.M.: On the nature of viruses, cancer, genes, and life — A declaration of dependence. *Proc. Amer. Philos. Soc.*, 101, 317-324, 1957.

3）Villarreal, L.P.: Are viruses alive? *Sci. Amer.*, December, 77-81, 2004.

4）E・P・フィッシャー，C・リプソン（石館三枝子，石館康平訳）『分子生物学の誕生　マックス・デルブリュックの生涯』朝日新聞社，一九九三年．

5）シュレーディンガー（岡小天，鎮目恭夫訳）『生命とは何か』岩波書店，二〇〇八年．

6）Lahav, N.: Biogenesis: Theories of Life's Origin. Oxford University Press, 1999.

7）Mullen, L.: Forming a definition for life: Interview with Gerald Joyce. *Astrobiology Magazine*, July 25, 2013.［https://www.astrobio.net/origin-and-evolution-of-life/forming-a-definition-for-life-interview-with-gerald-joyce/］

8）Trifonov, E.N.: Vocabulary of definitions of life suggests a definition. *J. Biomolecular Structure & Dynamics*, 29, 259-266, 2011.

9）ニック・レーン（斉藤隆央訳）『生命、エネルギー、進化』みすず書房，二〇一六年．

10）Zimmer, C.: A Planet of Viruses. University of Chicago Press, 2011.

11）Forterre, P.: Microbes from Hell. University of Chicago Press, 2016.

12）Schulz, F., Yutin, N., Ivanova, N.N. et al.: Giant viruses with an expanded complement of translation system components. *Science*, 356, 82-85, 2017.

13）カール・R・ポパー（大内義一，森博訳）『科学的発見の論理』恒星社厚生閣，一九七一・一九七二年．

14）Raoult, D. & Forterre, P.: Redefining viruses: lessons from Mimivirus. *Nature Rev. Microbiol.*, 6, 315-319, 2008.

15）Cello, J., Paul, A.V. & Wimmer, E.: Chemical synthesis of poliovirus cDNA: generation of infectious virus in the absence of natural template. *Science*, 297,

1016–1018, 2002.
16）Wimmer, E.: The test-tube synthesis of a chemical called poliovirus. *EMBO reports*, 7, 53–59, 2006.
17）Callaway, E.: ‘Minimal’ cell raises stakes in race to harness synthetic life. *Nature*, 531, 557–558, 2016.
18）Erez, Z., Steinberger-Levy, I., Shamir, M. et al.: Communication between viruses guides lysis-lysogeny decisions. *Nature*, 541, 488–493, 2017.
19）Callaway, E.: Do you speak virus? Phages caught sending chemical messages. *Nature News*, 18 January 2017. doi:10.1038/nature.2017.21313

第５章　体を捨て，情報として生きる

1）Temin, H.: Homology between RNA from Rous sarcoma virus and DNA from Rous sarcoma virus-infected cells. *Proc. Natl. Acad. Sci.*, 52, 323–329, 1964.
2）水谷哲「逆転写酵素の発見からノーベル賞受賞まで」蛋白質 核酸 酵素，39，1686–1688，1994.
3）Weiss, R.A.: The discovery of endogenous retroviruses. *Retrovirology*, 3,67. doi:10.1186/1742-4690-3-67, 2006.
4）Dewannieux, M. & Heidmann, T.: Endogenous retroviruses: acquisition, amplification and taming of genome invaders. *Curr. Op. Virol.*, 3, 646–656, 2013.
5）Katzourakis, A., Tristem, M., Pybus, O.G. et al.: Discovery and analysis of the first endogenous lentivirus. *Proc. Natl. Acad. Sci.*, 104, 6261–6265, 2007.
6）Belshaw, R., Katzourakis, A., Pačes, J. et al.: High copy number in human endogenous retrovirus families is associated with copying mechanisms in addition to reinfection. *Mol. Biol. Evol.*, 22, 814–817, 2005.
7）Mi, S., Lee, X., Veldman, G.M. et al.: Syncytin is a captive retroviral envelope protein involved in human placental morphogenesis. *Nature*, 403, 785–789, 2000.
8）Santoni, F.A., Guerra, J. & Luban, J.: HERV-H RNA is abundant in human embryonic stem cells and a precise marker for pluripotency. *Retrovirology*, 2012 Dec 20; 9:111. doi:10.1186/1742-4690-9-111

9) Lu, X., Sachs, F., Ramsay, L. et al.: The retrovirus HERVH is a long noncoding RNA required for human embryonic stem cell identity. *Nature Struct. Mol. Biol.*, 21, 423–425, 2014.

10) Young, G.R., Stoye, J.P. & Kassiotis, G.: Are human endogenous retroviruses pathogenic? An approach to testing the hypothesis. *Bioessays* 35, 794–803, 2013.

11) Simmons, W.: The role of human endogenous retroviruses (HERV-K) in the pathogenesis of human cancers. *Mol. Biol.*, 5: 169, 2016. doi:10.4172/2168-9547.1000169.

12) Palmarini, M., Mura, M. & Spencer, T.E.: Endogenous betaretroviruses of sheep: teaching new lessons in retroviral interference and adaptation. *J. Gen. Virol.*, 85, 1–13, 2004.

13) Dunlap, K.A., Palmarini, M., Varela, M. et al.: Endogenous retroviruses regulate periimplantation placental growth and differentiation. *Proc. Natl. Acad. Sci.*, 103, 14390–14395, 2006.

14) Tarlinton, R.E., Meers, J. & Young, P.R.: Retroviral invasion of the koala genome. *Nature*, 442, 79–81, 2006.

15) Ávila-Arcos, M.C., Ho, S.Y.W., Ishida, Y. et al.: One hundred twenty years of koala retrovirus evolution determined from museum skins. *Mol. Biol. Evol.*, 30, 299–304, 2013.

16) Onions, D., Cooper, D.K.C., Alexander, T.J.L. et al.: An approach to the control of disease transmission in pig-to-human xenotransplantation. *Xenotransplantation*, 7, 143–155, 2000.

17) 山内一也『異種移植』河出書房新社，一九九九年．

18) Yang, L., Güell, M., Niu, D. et al.: Genome-wide inactivation of porcine endogenous retroviruses (PERVs). *Science*, 350, 1101–1104, 2015.

19) Niu, D., Wei, H.-J., Lin, L. et al.: Inactivation of porcine endogenous retrovirus in pigs using CRISPR-Cas9. *Science*, Aug. 10, 2017. doi:10.1126/sicence.aan4187, 2017.

20) Horie, M., Honda, T., Suzuki, Y. et al.: Endogenous non-retroviral RNA virus elements in mammalian genomes. *Nature*, 463, 84–87, 2010.

21) Horie, M. & Tomonaga, K.: Non-retroviral fossils in vertebrate genomes. *Viruses*,

2011, 3, 1836–1848; doi:10.3390/v3101836.

22) Fujino, K., Horie, M., Honda, T. et al.: Inhibition of Borna disease virus replication by an endogenous bornavirus-like element in the ground squirrel genome. *Proc. Natl. Acad. Sci.*, 111, 13175–13180, 2014.

23) Belyi, V.A., Levine, A.J. & Skalka, A.M.: Unexpected inheritance: Multiple integrations of ancient Bornavirus and Ebolavirus/Marburgvirus sequences in vertebrate genomes. *PLoS Pathog*, 6(7): e1001030. doi:10.1371/journal.ppat.1001030. 2010.

24) 黒木登志夫『がん遺伝子の発見』中央公論社，一九九六年.

第６章　破壊者は守護者でもある

1) Pierce, S.K., Curtis, N.E., Hanten, J.J. et al.: Transfer, integration and expression of functional nuclear genes between multicellular species. *Symbiosis*, 43, 57–64, 2007.

2) Pierce,S.K, Fang, X., Schwartz, J.A. et al.: Transcriptomic evidence for the expression of horizontally transferred algal nuclear genes in the photosynthetic sea slug, Elysia chlorotica. *Mol. Biol. Evol.*, 29, 1545–1556, 2012.

3) Bhattacharya,D., Pelletreau, K.N., Price,D.C. et al.: Genome analysis of Elysia chlorotica egg DNA provides no evidence for horizontal gene transfer into the germ line of this kleptoplastic mollusc. *Mol. Biol. Evol.*, 30,1843–1852, 2013.

4) Pierce, S.K., Maugel, T.K., Rumpho, M.E. et al.: Annual viral expression in a sea slug population: Life cycle control and symbiotic chloroplast maintenance. *Biol. Bull.*, 197, 1–6, 1999.

5) Pierce, S.K., Mahadevan, P., Massey, S.E. et al.: A preliminary molecular and phylogenetic analysis of the genome of a novel endogenous retrovirus in the sea slug Elysia chlorotica. *Biol. Bull.*, 231, 236–244, 2016.

6) University of Cambridge: Darwin Correspondence Project. https://www.darwinproject.ac.uk/letter/DCP-LETT-2814.xml.

7) Webb, B.A., Strand, M.R., Dickey, S.E. et al.: Polydnavirus genomes reflect their dual roles as mutualists and pathogens. *Virology*, 347, 160–174, 2006.

8) Edson, K.M., Vinson, S.B., Stolz, D.B. et al.: Virus in a parasitoid wasp: Suppression of the cellular immune response in the parasitoid's host. *Science*, 211, 582–583, 1981.

9) Whitfield, J.B.: Estimating the age of the polydnavirus/braconid wasp symbiosis. *Proc. Natl. Acad. Sci.*, 99, 7508–7513, 2002.

10) Xu, P., Liu, Y., Graham, R.I. et al.: Densovirus is a mutualistic symbiont of a global crop pest (Helicoverpa armigera) and protects against a baculovirus and Bt biopesticide. *PLoS Pathog.*, 10(10): e1004490. doi:10.1371/journal.ppat.1004490, 2014.

11) Redman, R.S., Sheehan, K. B., Stout, R.G. et al.: Thermotolerance generated by plant/fungal symbiosis. *Science*, 298, 1581, 2002.

12) Márquez, L.M., Redman, R.S., Rodriguez, R.J. et al.: A virus in a fungus in a plant: Three-way symbiosis required for thermal tolerance. *Science*, 315, 513–515, 2007.

13) Lesnaw, J.A. & Ghabrial, S.A.: Tulip breaking: Past, present, and future. *Plant Dis.*, 84, 1052–1060, 2000.

14) Dubos, R.J.: Tulipomania and the benevolent virus. *Vassar Quarterly*, Vol. XLIV, No.6., 1959.

15) Dekker, E.L., Derks, A.F.L., Asjes, C.J. et al.: Characterization of potyviruses from tulip and lily which cause flower-breaking. *J. Gen. Virol.*, 74, 881–887, 1993.

16) Thomas, K., Tompkins, D.M., Saisbury, A.W. et al.: A novel poxvirus lethal to red squirrels (Sciurus vulgaris). *J. Gen. Virol.*, 84, 3337–3341, 2003.

17) Tompkins, D.M., Sainsbury, A.W., Nettleton, P. et al.: Parapoxvirus causes a deleterious disease in red squirrels associated with UK population declines. *Proc. R. Soc. Lond. B*, 269, 529–533, 2002.

18) Toyoda, H., Hayakawa, T., Takamatsu, J. et al.: Effect of GB virus C/hepatitis G virus coinfection on the course of HIV infection in hemophilia patients in Japan. *J. Acquir. Immune Defic. Syndr. Hum. Retrovirol.*, 17, 209–213, 1998.

19) Bagasra, O., Sheraz, M. & Pace, D.G.: Hepatitis G virus or GBV-C: A natural anti-HIV interfering virus. *In* Viruses: Essential Agents of Life (Witzany, G. ed.), pp. 363–388, 2012.

20) Bagasra.O., Bagasra, A.U., Sheraz, M. et al.: Potential utility of GB virus type C as a

preventive vaccine for HIV-1. *Exp. Rev. Vaccines*, 11, 335–347, 2012.

21） Wong, D.T., Mihm, M.C., Boyer, J.L. et al.: Historical path of discovery of viral hepatitis. *Harvard Med. Student Rev.*, issue 3, 18–36, 2015.

22） 山内一也『ウイルス・ルネッサンス』東京化学同人，二〇一七年.

第７章　常識をくつがえしたウイルスたち

1） Forterre, P.: Microbes from Hell. University of Chicago Press, 2016.

2） Prangishvili, D., Vestergaard, G., Häring, M. et al.: Structural and genomic properties of the hyperthermophilic archaeal virus ATV with an extracellular stage of the reproductive cycle. *J.Mol. Biol.*, 359, 1203–1216, 2006.

3） Snyder, J.C., Bolduc, B., Young, M.J.: 40 Years of archaeal virology: Expanding viral diversity. *Virology*, 479–480, 369–378, 2015.

4） DiMaio, F., Yu, X., Rensen, E. et al.: Virology. A virus that infects a hyperthermophile encapsidates A-form DNA. *Science*, 348, 914–917, 2015.

5） Quemin, E.R.J., Lucas, S., Daum, B. et al.: First insights into the entry process of hyperthermophilic archaeal viruses. *J. Virol.*, 87, 13379–13385, 2013.

6） Kasson, P., DiMaio, F., Yu, X. et al.: Model for a novel membrane envelope in a filamentous hyperthermophilic virus. *eLife* 2017; 6: e26268. doi:10.7554/eLife.26268

7） Quax, T.E.F., Lucasa, S., Reimann, J. et al.: Simple and elegant design of a virion egress structure in Archaea. *Proc. Natl. Acad. Sci.*, 108, 3354–3359, 2011.

8） Raoult, D., La Scola, B. & Birtles, R.: The discovery and characterization of mimivirus, the largest known virus and putative pneumonia agent. *Clin. Infect. Dis.*, 45, 95–102, 2007.

9） Aherfi, S., Colson, P., La Scola, B. et al.: Giant viruses of amoebas: An update. *Frontiers Microbiol.*, 7, 349, 2016.

10） Aherfi, S., La Scola, B., Pagnier, I. et al.: The expanding family Marseilleviridae. *Virology*, 466–467, 27–37, 2014.

11） Colson, P., La Scola, B. & Raoult, D.: Giant viruses of amoebae as potential human

pathogens. *Intervirol.*, 56, 376–385, 2013.

12) Cohen, G., Hoffart, L., La Scola, B.et al.: Ameba-associated keratitis, France. *Emerg. Infect. Dis.*, 17, 1306–1308, 2011.

13) Saadi, H., Pagnier, I., Colson, P. et al.: First isolation of Mimivirus in a patient with pneumonia. *Clin. Infect. Dis.*, 57, e127–e134, 2013.

14) Saadi, H., Reteno, D.-G.I., Colson, P. et al.: Shan virus: a new mimivirus isolated from the stool of a Tunisian patient with pneumonia. *Intervirol.*, 56, 424–429, 2013.

15) Boughalmi, M., Pagnier, I., Aherfi, S.et al.: First isolation of a giant virus from wild Hirudo medicinalis leech: mimiviridae isolation in Hirudo medicinalis. *Viruses*, 5, 2920–2930, 2013.

16) Ortmann, A.C. & Suttle, C.A.: High abundances of viruses in a deep-sea hydrothermal vent system indicates viral mediated microbial mortality. *Deep Sea Res, Part I. Oceanogr. Res. Pap.*, 52, 1515–1527, 2005.

第８章　水中に広がるウイルスワールド

1) Suttle, C.A.: Ecological, Evolutionary, and Geochemical Consequences of viral infection of cyanobacteria and eukaryotic algae. *In* Viral Ecology（Hurst, C.J., ed, Academic Press, pp.248–296, 2000.

2) Hobbie, J.E., Daley, R.J. & Jasper, S.: Use of nuclepore filters for counting bacteria by fluorescence microscopy. *Appl. Environ. Microbiol.*, 33, 1225–1228, 1977.

3) Bergh, O., Borsheim, K.Y., Bratbak, G. et al.: High abundance of viruses found in aquatic environments. *Nature*, 340, 467–468, 1989.

4) Kepner, R.L., Jr., Wharton, R.A., Jr. & Suttle, C.A.: Viruses in Antarctic lakes. *Limnol. Oceanogr.*, 43, 1754–1761, 1998.

5) Breitbart, M. & Rohwer, F.: Here a virus, there a virus, everywhere the same virus? *Trends Microbiol.*, 13, 278–284, 2005.

6) Suttle, C.A.: Viruses in the sea. *Nature*, 437, 356–361, 2005.

7) 外丸裕司，白井葉子，高尾祥丈ほか「海水中のもっとも小さな生物因子

—水圏ウイルスの生態学—」*Bull. Soc. Sea Water Sci.*, Jpn., 61, 307–315, 2007.

8) Bussaard, C.P.D.: Viral control of phytoplankton populations — a review. *J. Euk. Microbiol.*, 51, 125–138, 2004.

9) Fujimoto, A., Kondo, S., Nakao, R. et al.: Co-occurrence of Heterocapsa circularisquama bloom and its lytic viruses in Lake Kamo, Japan, 2010. *JARQ* 47, 329–338, 2013.

10) Danovaro, R., Dell'Anno, A., Corinaldesi, C. et al.: Major viral impact on the functioning of benthic deep-sea ecosystems. *Nature*, 454, 1084–1087, 2008.

11) Ortmann, A.C. & Suttle, C.A.: High abundances of viruses in a deep-sea hydrothermal vent system indicates viral mediated microbial mortality. *Deep Sea Res, Part I. Oceanogr. Res. Pap.*, 52, 1515–1527, 2005.

12) Anderson, R.A., Brazelton, W.J. & Baross, J.A.: Is the genetic landscape of the deep subsurface biosphere affected by viruses? *Frontiers Microbiol.*, 09 November 2011. doi:10.3389/fmicb.2011.00219

13) He, T., Li, H. & Zhang, X.: Deep-sea hydrothermal vent viruses compensate for microbial metabolism in virus-host interactions. *mBio*, 8(4), e00893–17, 2017.

14) Fuhrman, J.A.: Marine viruses and their biogeochemical and ecological effects. *Nature*, 399, 541–548, 1999.

15) Jacquet, S. & Bratbak, G.: Effects of ultraviolet radiation on marine virus-phytoplankton interactions. *FEMS Microbiol. Ecol.*, 44, 279–289, 2003.

16) Williamson, S.J., Rusch, D.B., Yooseph, S. et al.: The Sorcerer II global ocean sampling expedition: metagenomic characterization of viruses within aquatic microbial samples. *PLOS ONE*, 3: e1456, 2008.

17) Karsenti, E., Acinas, S.G., Bork, P. et al.: A holistic approach to marine eco-systems biology. *PLOS Biol.*, 9: e1001177, 2011.

18) Zimmer, C.: Scientists map 5,000 new ocean viruses. *Quanta Magazine*, May 21, 2015.

19) Brum, J.R., Ignacio-Espinoza, J. C., Roux, S. et al.: Patterns and ecological drivers of ocean viral communities. *Science*, 348, doi:10.1126/science.1261498, 2015.

20) Roux, S., Brum, J.R., Dutilh, B.E. et al.: Ecogenomics and potential biogeochemical impacts of globally abundant ocean viruses. *Nature*, 537, 689–693, 2016.

21）Hingamp, P., Grimsley, N., Acinas, S.G. et al.: Exploring nucleo-cytoplasmic large DNA viruses in Tara Oceans microbial metagenomes. *ISME J.* 7, 1678–1695, 2013.

22）Barrangou, R., Fremaux, C., Deveau, H. et al.: CRISPR provides acquired resistance against viruses in prokaryotes. *Science*, 315, 1709–1712, 2007.

23）ジェニファー・ダウドナ，サミュエル・スターンバーグ（櫻井祐子訳）『クリスパーCRISPR 究極の遺伝子編集技術の発見』文藝春秋，二〇一七年.

第９章　人間社会から追い出されるウイルスたち

1）Hendrickson, R.C., Wang, C., Hatcher, E.L. et al.: Orthopoxvirus genome evolution: The role of gene loss. *Viruses*, 2, 1933–1967, 2010.

2）Babkin, I. V. & Babkina, I.N.: The origin of the variola virus. *Viruses* 2015, 7, 1100–1112; doi:10.3390/v7031100

3）Duggan, A.T., Perdomo, M.F., Piombino-Mascali, D. et al.: 17th century variola virus reveals the recent history of smallpox. *Curr. Biol.*, 26, 3407–3412, 2016.

4）山内一也『近代医学の先駆者　ハンターとジェンナー』岩波書店，二〇一五年.

5）Tulman, E.R., Delhon, G., Afonso, C.L. et al.: Genome of horsepox virus. *J. Virol.*, 80, 9244–9258, 2006.

6）Damaso, C.: Revisiting Jenner's mysteries, the role of the Beaugency lymph in the evolutionary path of ancient smallpox vaccines. *Lancet Infect. Dis.*, 2018 Feb; 18(2): e55–e63. doi:10.1016/ S1473–3099(17) 30445–0

7）Schrick, L., Tausch, S.H., Dabrowski, P.W. et al.: An early American smallpox vaccine based on horsepox. *N. Engl. J. Med.*, 377: 1491–1492, 2017.

8）Rimoin, A.W., Mulembakani, P.M., Johnson, S.C. et al.: Major increase in human monkeypox incidence 30 years after smallpox vaccination campaigns cease in the Democratic Republic of Congo. *Proc. Natl. Acad. Sci.*, 107, 16262–16267, 2010.

9）Learned, L.A., Reynolds, M.G., Wassa, D.W. et al.: Extended interhuman

transmission of monkeypox in a hospital community in the Republic of Congo, 2003. *Am. J. Trop. Med. Hyg.*, 73, 428–434, 2005.

10）Kugelman, J.R., Johnston, S.C., Mulembakani, P.M. et al.: Genomic variability of monkeypox virus among humans, Democratic Republic of the Congo. *Emerg. Infect. Dis.*, 20, 232–239, 2014.

11）Noyce, R.S., Lederman, S. & Evans, D.H.: Construction of an infectious horsepox virus vaccine from chemically synthesized DNA fragments. *PLOS ONE*, 13(1): e0188453. doi:10.1371/journal.pone.0188453. 2018.

12）Kupferschmidt, K.: How Canadian researchers reconstituted an extinct poxvirus for $100,000 using mail-order DNA. *Science*, Jul. 6, 2017. doi:10.1126/science.aan7069

13）Editorial: The spectre of smallpox lingers. *Nature*, 560, 281, 2018.

14）Henderson, D.A.: Smallpox. The Death of a Disease. Prometheus Books, 2009.

15）Tucker, J.B.: Scourge. The Once and Future Threat of Smallpox. Atlantic Monthly Press, 2001.

16）山内一也，三瀬勝利『忍び寄るバイオテロ』日本放送出版協会，二〇〇三年．

17）Furuse, Y., Suzuki, A. & Oshitani, H.: Origin of measles virus: divergence from rinderpest virus between the 11th and 12th centuries. *Virol. J.*, 7: 52. doi:10.1186/1743-422X-7-52, 2010.

18）三井駿一「麻疹の歴史」『麻疹・風疹』（奥野良臣，高橋理明編）朝倉書店，一九六九年．

19）野崎千佳子「天平七年・九年に流行した疫病に関する一考察」法政史学，53, 35–49, 2000.

20）山内一也『はしかの脅威と驚異』岩波書店，二〇一七年．

21）Cliff, A., Haggett, P. & Smallman-Raynor, M.: Measles: An Historical Geography of a Major Human Viral Disease from Global Expansion to Local Retreat, 1840–1990. Blackwell, 1993.

22）マイケル・B・A・オールドストーン（二宮陸雄訳）『ウイルスの脅威』岩波書店，一九九九年．

23）Tahara, M., Bückert, J.-P., Kanou, K. et al.: Measles virus hemagglutinin protein

epitopes: the basis of antigenic stability. *Viruses*, 8, 216; doi:10.3390/v8080216, 2016.

24）Drexler, J.F., Corman, V.M., Muller, M.A. et al.: Bats host major mammalian paramyxoviruses. *Nature Comm.*, 3, 796, doi:10.1038, 2012.

25）山内一也『史上最大の伝染病　牛疫——根絶までの四〇〇〇年』岩波書店，二〇〇九年.

26）山内一也「歴史的写真から振り返る中村稕治博士と牛疫②」日生研たより，62（1），二〇一六年.［http://nibs.lin.gr.jp/pdf/Letter596.pdf］

27）Cheng, S.C. & Fischman, H.R.: Lapinized rinderpest vaccine. *In* Rinderpest Vaccines. Their production and use in the field. Food and Agriculture Organization of the United Nations. pp. 47–63, 1949.

28）Pasquinucci, G.: Possible effect of measles on leukaemia. *Lancet*, 1971; 1, 136.

29）Zygiert, Z.: Hodgkin's disease: Remissions after measles. *Lancet*, 1971; 1, 593.

30）Fujiyuki, T., Yoneda, M., Amagai, Y. et al.: A measles virus selectively blind to signaling lymphocytic activation molecule shows anti-tumor activity against lung cancer cells. *Oncotarget*, 6, 24895–24903, 2015.

31）Robinson, S. & Galanis, E.: Potential and clinical translation of oncolytic measles viruses. *Exp. Opin. Biol. Ther.*, 17, 353–363, 2017.

第10章　ヒトの体内に潜むウイルスたち

1）Wertheim, J.O., Smith, M.D., Smith, D.M. et al.: Evolutionary origins of human herpes simplex viruses 1 and 2. *Mol. Biol. Evol.*, 31, 2356–2364, 2014.

2）Underdown, S.J., Kumar, K. & Houldcroft, C.: Network analysis of the hominin origin of herpes simplex virus 2 from fossil data. *Virus Evolution*, 3（2）: vex 026. doi:10.1093/ve/vex026. 2017.

3）Eschleman, E., Shahzad, A. & Cohrs, R.J.: Varicella zoster virus latency. *Future Virol.*, 6, 341–355, 2011.

4）Weller, T.H.: Historical perspective. *In* Varicella-zoster Virus: Virology and Clinical Management（Arvin, A.M. & Gershon, A.A., eds.）, Cambridge Univ. Press, pp.

9–24, 2000.

5) Grose, C.: Pangaea and the out-of- Africa model of varicella-zoster virus evolution and phylogeography. *J. Virol.*, 86, 9558–9565, 2012.

6) Crawford, D.H., Rickinson, A. & Johannessen, I.: Cancer Virus. The Story of Epstein-Barr Virus. Oxford Univ. Press, 2014.

7) Sutton, R.N.P.: The EB virus in relation to infectious mononucleosis. *J. Clin. Path.*, 25, Suppl. 6, 58–64, 1972.

8) Longnecker, R.M., Kieff, E. & Cohen, J.I.: Epstein-Barr virus. *In* Fields Virology, 6th edition, Wolters Kluwer, Lippincott Williamas & Wilkins, pp. 1898–1959, 2013.

9) Harley, J.B., Chen, X., Pujato, M. et al.: Transcription factors operate across disease loci,with EBNA2 implicated in autoimmunity. *Nature Genetics*, 50. doi:10.1038/s41588-018-0102-3, 2018.

10) Avert: History of HIV and AIDS overview. 2018. [https://www.avert.org/professionals/history-hiv-aids/overview]

11) GBD 2015 HIV Collaborators: Estimates of global, regional, and national incidence, prevalence, and mortality of HIV, 1980–2015: The global burden of disease study 2015. *Lancet HIV*, 2016 Aug;3(8): e361–e387. doi:10.1016/S2352-3018(16)30087-X.

12) Nordling, L.: South Africa ushers in a new era for HIV. *Nature*, 535, 214–217, 2016.

13) Global AIDS update 2017. Ending AIDS: Progress towards the 90–90–90 targets. [http://www.unaids.org/en/resources/campaigns/globalAIDSupdate2017]

14) Zhang, T., Breitbart, M., Lee, W.H. et al.: RNA viral community in human feces: Prevalence of plant pathogenic viruses. *PLoS Biol.* 4(1): e3. 2006.

15) Manrique, P., Bolduc, B., Walk, S.T. et al.: Healthy human gut phageome. *Proc. Natl. Acad. Sci.*, 113, 10400–10405, 2016.

16) Foulongne, V., Sauvage, V., Hebert, C. et al.: Human skin microbiota: High diversity of DNA viruses identified on the human skin by high throughput sequencing. *PLOS ONE*, 7(6): e38499. 2012.

17) Moustafa, A., Xie, C., Kirkness, E. et al.: The blood DNA virome in 8,000 humans.

PLoS Pathog. 13(3): e1006292, 2017.

18) Barr, J.J.,Auro, R., Furlan, M. et al.: Bacteriophage adhering to mucus provide a non-host-derived immunity. *Proc. Natl. Acad. Sci.*, 110, 10771–10776, 2013.

第11章　激動の環境を生きるウイルス

1) Meng, X.J.: Emerging and re-emerging swine viruses. *Transbound. Emerg. Dis.*, 59 (Suppl. 1), 85–102, 2012.

2) 山根逸郎「日本の豚繁殖・呼吸障害症候群（PRRS）による経済的被害の現状」日獣会誌，63，413–416，2010.

3) Plagemann, P.G.W.: Porcine reproductive and respiratory syndrome virus: Origin hypothesis. *Emerg. Infect. Dis.*, 9, 903–908, 2003.

4) Plain, R.: The U.S. swine industry: Where we are and how we got here. *J. Anim. Sci.* 79 (Suppl. 1):98, 2001.

5) Parrish, C.R.: Host range relationships and the evolution of canine parvovirus. *Vet. Microbiol.*, 69, 29–40, 1999.

6) Hoelzer, K. & Parrish, C.R.: The emergence of parvoviruses of carnivores. *Vet. Res.*, 41, 39, 2010.

7) Gardner, M.B.: The history of simian AIDS. *J. Med. Primatol.*, 25,148–157, 1996.

8) Apetrei, C., Lerche, N.W., Pandrea, I. et al.: Kuru experiments triggered the emergence of pathogenic SIVmac. *AIDS*, 20, 317–321, 2006.

9) Hulse-Post, D.J, Sturm-Ramirez, K.M., Humberd, J. et al.: Role of domestic ducks in the propagation and biological evolution of highly pathogenic H5N1 influenza viruses in Asia. *Proc. Natl. Acad. Sci.*, 102, 10682–10687, 2005.

10) Ito, T., Okazaki, K. Kawaoka, Y. et al.: Perpetuation of influenza A viruses in Alaskan waterfowl reservoirs. *Arch. Virol.*, 140, 1163–1172, 1995.

11) Shi, M., Lin, X.-D., Chen, X. et al.: The evolutionary history of vertebrate RNA viruses. *Nature*, 556, 197–202, 2018.

12) Gilbert, M., Xiao, X. & Robinson, T.P.: Intensifying poultry production systems and the emergence of avian influenza in China: a ‘One Health/Ecohealth’ epitome.

Arch. Publ. Hlth., 75: 48. doi:10.1186/s13690-017-0218-4, 2017.

13）清水悠紀臣「日本における豚コレラの撲滅」動衛研研究報告，119，1-9，2013.

14）山内一也『どうする・どうなる口蹄疫』岩波書店，二〇一〇年.

15）Brown, V.R. & Bevins, S.N.: A review of classical swine fever virus and routes of introduction into the United States and the potential for virus establishment. *Front. Vet. Sci.*, 05 March 2018. doi:org/10.3389/fvets.2018.00031

16) Rossi, S., Staubach, C., Blome, S. et al.: Cotrolling of CSFV in European wild boar using oral vaccination: *a review. Front. Microbiol.*, 6, 23 Oct. 2015. doi:10.3389/fmicb.2015.01141

エピローグ

1）Basu, R. & Tumban, E.: Zika virus on a spreading spree: what we now know that was unknown in the 1950's. *Virology J.*, 13: 165, 2016.

2）Tang, H., Hammack, C.: Ogden, S.C. et al.: Zika virus infects human cortical neural progenitors and attenuates their growth. *Cell Stem Cell*, 18, 587-590, 2016.

3）Nguyen, S.M., Antony, K.M., Dudley, D.M. et al.: Highly efficient maternal-fetal Zika virus transmission in pregnant rhesus macaques. *PLoS Pathog.*, 13(5): e1006378, 2017.

4）Martines, R.B., Bhatnagar, J., de Oliveira Ramos, A. et al.: Pathology of congenital Zika syndrome in Brazil: a case series. *Lancet*, 388, 898-904, 2016.

5）Yuan, L., Huang, X.-Y., Liu, Z.-Y. et al.: A single mutation in the prM protein of Zika virus contributes to fetal microcephaly. *Science*, 358, 933-936, 2017.

6）Barrett, A.D.T.: Current status of Zika vaccine development: Zika vaccines advance into clinical evaluation. *Npj Vaccines*, 3: 24; doi:10.1038/s41541-018-0061-9, 2018.

7）O'Neill, S.: The dengue stopper. *Sci. Amer.*, 312, 72-77, 2015.

8）Fraser, J.E., De Bruyne, J.T., Iturbe-Ormaetxe, I. et al : Novel Wolbachia-transinfected Aedes aegypti mosquitoes possess diverse fitness and vector

competence phenotypes. *PLoS Pathog.*, 13（12）: e1006751, 2017.

9）Phuc, H.K., Andreasen, M.H., Burton, R.S., et al.: Late-acting dominant lethal genetic systems and mosquito control. *BMC Biology*, 5, 11, 2007.

10）Esvelt, K.M., Smidler, A.L., Catterucia, F. et al.: Concerning RNA-guided gene drives for the alteration of wild populations. *eLife*, doi:10.7554/eLife.03401, 2014.